虾米妈咪365

育儿手账

虾米妈咪——著

少年儿童出版社

一天一则成长知识

为宝宝健康保驾护航

虾米妈咪

儿科医生 《育儿正典》作者

中国科普作家协会理事
中国医师协会健康传播工作委员会委员
中国科普作家协会医学科普创作专委会委员
中国生命关怀协会医院人文建设专委会委员
《十万个为什么·健康版》编委会副主任
健康中国最具新媒体影响力个人
微博最具推动力育儿大 V
微博十大影响力医疗大 V

虾米妈咪365育儿手账
1

虾米妈咪 365 育儿手账

1

1 发热是件坏事吗?

不完全是。发热是很多疾病初期免疫系统的防御性反应，是人体的自我保护机制之一。发热可以抑制病原微生物对人体的侵袭，促进恢复健康，增强免疫功能。当然，发热也会使人体处于高代谢、高耗氧、胃肠道功能减弱的状态，尤其是持久的高热，会使一些组织器官功能失常，最终导致人体防御疾病的能力下降，甚至有激发其他疾病的风险。

★特 别 记 录★

DATE | 日 期　　/　　/　　MOOD | 心 情 ☺ ☹ ☺

来自爸爸妈妈的留言：

2 发热时要捂汗吗?

不可以。孩子的体温调节中枢功能尚不成熟，容易出现产热和散热失调。发热时捂汗会引起捂热综合征，严重时甚至会危及孩子的生命。孩子高热时，反而要适当降低室温、减少穿盖，并保持居室的通风。

★特 别 记 录★

DATE | 日 期　　/　　/　　MOOD | 心 情

来自爸爸妈妈的留言：

3 发热时要时刻监测体温吗？

不需要。体温数据并不足以反映孩子的整体情况，综合考虑孩子的饮食、睡眠、精神等情况往往比体温数据更具参考价值。频繁测量体温不仅无法帮助家长全面了解孩子的实际情况，还会增加家长的焦虑情绪。频繁测量体温，孩子还容易产生抗拒，也会影响测量结果的准确性。

★特 别 记 录★

DATE | 日 期　　/　　/　　MOOD | 心 情

来自爸爸妈妈的留言：

4 腊八，宝宝该怎样喝粥？

农历十二月初八是腊八节。添加辅食以后，可以让宝宝尝试喝粥。煮粥时尽量避免使用宝宝未尝试过的食材，以免引起宝宝过敏。豆类易产气、难消化，要少加。坚果及其他种子类食材要事先切碎，避免整颗食用引起噎食或误入气道。

★特 别 记 录★

DATE | 日 期 / / MOOD | 心 情

来自爸爸妈妈的留言:

5 体温 38.5℃就要用退热药吗？

不以体温 38.5℃上下来考虑是否用退热药。发热时，如果孩子精神好，能吃、能喝、能玩，即使腋温在 38.5℃以上，也可以考虑继续观察，多喝水，暂时不使用退热药；如果孩子精神不好，吃不下、喝不下，对喜欢的玩具、游戏也失去了兴致，即使腋温还没达到 38.5℃，也可以考虑使用退热药。

★特 别 记 录★

DATE｜日 期　　/　　/　　MOOD｜心 情

来自爸爸妈妈的留言:

6 发热时手脚冰凉是怎么回事？

发热可分为三个阶段：寒战期、高热期和退热期，手脚冰凉通常发生在寒战期。在寒战期，人体的体温调定点升高了，为了使体温能迅速升到调定点的温度，周围血管会收缩，末梢循环变差，宝宝会出现手脚冰凉，同时体温会迅速升高。此时，人体汗腺被抑制，散热减少，身体通过肌肉战栗来增加产热，所以很多人在寒战期会觉得冷。

★特 别 记 录★

DATE | 日 期　　/　　/　　　MOOD | 心 情

来自爸爸妈妈的留言:

7 哪些退热方式是“坑娃”？

发热本身并不会“烧坏”脑子，退热贴不能做到有效降低体温，局部降温的意义也不大，反而可能导致局部皮肤过敏。冰枕容易导致局部冻伤，不能用于婴幼儿退热。酒精擦浴时，酒精会经皮肤吸收、经呼吸道吸入，导致酒精中毒，无论是工业酒精、医用酒精，还是普通白酒，都不能用于退热！

★特 别 记 录★

DATE | 日 期　　/　　/　　MOOD | 心 情

来自爸爸妈妈的留言：

8 婴幼儿退热药的剂型怎么选？

首选口服途径。世界卫生组织和儿科医生推荐使用的婴幼儿退热药主要有两种：对乙酰氨基酚和布洛芬。婴幼儿退热药常用的剂型有口服剂和栓剂。口服剂最为常用，一般服用半小时后开始生效。栓剂通过直肠黏膜吸收，但剂量不方便控制，且不适用于腹泻患儿，一般只在患儿无法口服药物及发生热性惊厥时使用。

★特 别 记 录★

DATE | 日 期　　/　　/　　MOOD | 心 情

来自爸爸妈妈的留言：

9 布洛芬与对乙酰氨基酚优选哪个？

3 月龄以下婴儿发热务必就诊；3 ~ 6 月龄婴儿首选对乙酰氨基酚；6 月龄以上婴幼儿和哺乳期妈妈若无特殊情况，二者均可；6 月龄以上患“蚕豆病”的婴幼儿优先选布洛芬；对于患水痘、哮喘、胃溃疡、肾脏疾病、心血管疾病、凝血障碍，或同时服用其他肾毒性药物，或出现脱水征兆（如剧烈呕吐腹泻时）的婴幼儿，优先选用对乙酰氨基酚。孕妈妈推荐使用对乙酰氨基酚。不建议自行交替用药、联合用药。

★特 别 记 录★

DATE | 日 期　　/　　/　　　MOOD | 心 情

来自爸爸妈妈的留言：

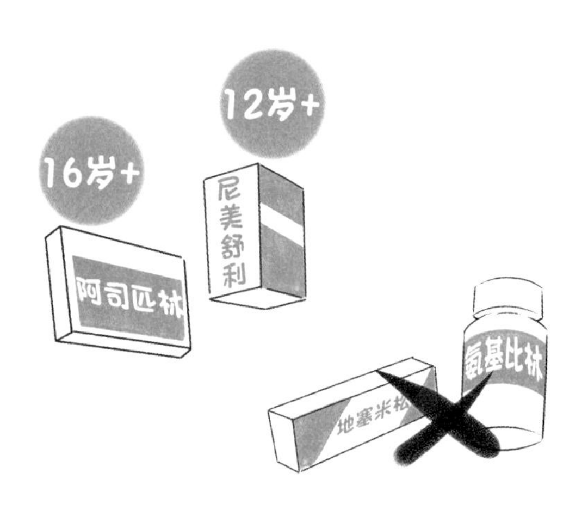

10 哪些“退热药”用不得?

16岁以下儿童发热时不要使用阿司匹林及其衍化物（如赖氨匹林）作为退热药，也不要使用含阿司匹林及其衍化物的感冒药，因为它们会明显增加瑞氏综合征（一种会导致肝衰、肾衰、脑损伤的致命疾病）的发病率。12岁以下儿童发热时不要使用尼美舒利，因为尼美舒利有较大的肝毒性，会导致肝脏损伤。氨基比林及其衍化物（如安痛定、安乃近等）因不良反应大，早已禁用。地塞米松是糖皮质激素，不是退热药。

★特 别 记 录★

DATE｜日 期　　/　　/　　　MOOD｜心 情

来自爸爸妈妈的留言：

11 发热的孩子如果睡得安稳还要唤醒喂退热药吗?

退热主要是为了让人体感觉舒服。发热的孩子如果睡得安稳，说明没什么不舒服，一般不需要唤醒吃药。反之，如果发热的孩子在睡眠中躁动不安，则表示他很不舒服，这时候可以考虑唤醒吃药。

★特 别 记 录★

DATE | 日 期　　/　　/　　MOOD | 心 情

来自爸爸妈妈的留言：

12 发热时为什么要多喝水?

即使没有腹泻呕吐，发热时也会通过呼吸道和皮肤快速丢失大量水分。而且，体温下降需要通过增加人体散热（主要靠皮肤发汗、尿液排出等）来完成，即使药物选择正确，剂量使用恰当，要想达到理想的退热效果，还必须让孩子摄入足够多的液体。补充水分是发热护理的头等大事，不然退热药也不能充分发挥退热作用。

★特 别 记 录★

DATE | 日 期　　/　　/　　MOOD | 心 情

来自爸爸妈妈的留言：

13 使用退热药后，体温降得过低怎么办？

使用退热药后，如果随着大量出汗，体温迅速下降，明显低于正常体温，那很可能是药物剂量偏大了，或是同时使用了其他含退热成分的感冒药或激素类药物。此时，要做适度保暖，可适当调高室温，或用热水袋（注意不要烫伤）等保温措施，同时给宝宝喂点温热的水和果汁，以补充大量流失的水分和电解质。假如小宝宝精神差、反应差，在做以上措施的同时还应尽快送往医院，以免危及生命！

★特 别 记 录★

DATE | 日 期 / / MOOD | 心 情

来自爸爸妈妈的留言:

14 发热时体温时高时低正常吗？

人体的体温本来就是波动变化的，一般每天的 2 ～ 6 点体温最低，16 ～ 20 点体温最高。发热时这个规律依然存在，只是体温波动的幅度往往更大。发热期间，体温时高时低实属正常，须待病因消除、疾病治愈之后，人体体温调定点恢复到原来的设定，体温才能完全恢复到正常。

★特 别 记 录★

DATE | 日 期　　/　　/　　MOOD | 心 情

来自爸爸妈妈的留言：

15 有必要过于积极治疗小病吗？

没必要，过于积极治疗小病反而容易生病。感冒发热大都是普通的病毒感染。抗病毒药物具有很强的毒性，很难做到在消灭病毒的同时保全细胞，所以普通的病毒感染通常都不做抗病毒治疗。细菌和病毒感染虽然都会让身体感到不适，但它们在一定程度上也能促进免疫系统的成熟。

★特 别 记 录★

DATE | 日 期　　/　　/　　MOOD | 心 情

来自爸爸妈妈的留言:

16 病毒感染时血象改变是暂时的吗？

是的。病毒感染时，白细胞和（或）中性粒细胞可能会出现暂时性的偏低，一般会在感染后的 2 ~ 4 周恢复正常，没有必要使用升白细胞的药物或免疫增强剂，可以在疾病痊愈 2 周后复查一下血常规。

★特 别 记 录★

DATE | 日 期　　/　　/　　　MOOD | 心 情

来自爸爸妈妈的留言：

17 人体能够抵抗轻微的细菌感染吗?

人体对轻微的细菌感染有足够的抵抗力。细菌感染后，血液中的白细胞和中性粒细胞增多，这是人体免疫力正常的标志。抗生素主要用于严重的细菌感染。在发生轻微的细菌感染时就积极使用抗生素，虽然能较快地控制感染，缩短病程，但实际上也剥夺了免疫系统锻炼成熟的机会。

★特 别 记 录★

DATE | 日 期　　/　　/　　MOOD | 心 情

来自爸爸妈妈的留言：

18 常用药品该如何保管？

除了说明书中建议需要冰箱冷藏的药物之外，大部分药物都不推荐冰箱冷藏，只需要在常温下，放置于避光、干燥处保存即可。如果药物说明书中没有特殊说明，普通药物开封以后建议在半年内使用，糖浆类药物开封以后建议在一个月内使用。

★特 别 记 录★

DATE | 日 期　　/　　/　　　MOOD | 心 情 ☺ ☹ ☺

来自爸爸妈妈的留言：

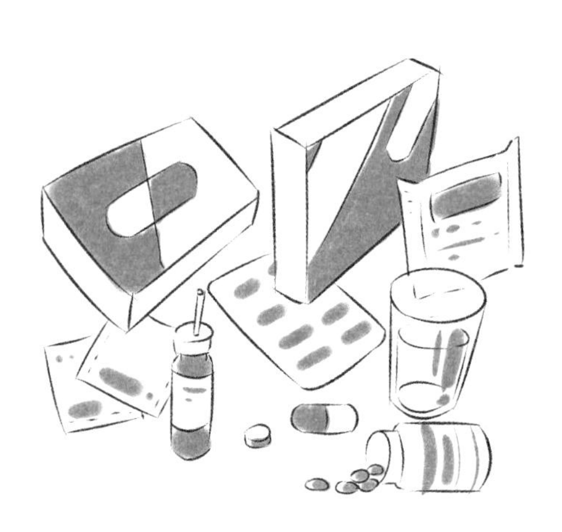

19 服用药物要避免哪些错误操作?

不同的药物混喂可能会发生相互作用，影响药效；一些药物遇到较高温度会影响药效，如益生菌类、抗生素类，要用凉水或温水冲泡；一些需要餐前或空腹服用的药物，与食物一起服用会无法达到药效，食物和药物成分可能会发生作用，影响药物的吸收和代谢；一些药物剂型如缓释片、肠溶片、肠溶胶囊，不应掰开、碾碎，因为如此不仅会影响药效，而且可能增加药物的毒性反应。

★特 别 记 录★

DATE | 日 期 / / MOOD | 心 情

来自爸爸妈妈的留言：

20 给宝宝喂药哪些做法不可取？

躺着吃药容易发生呛咳；在孩子哭闹、玩耍时强行或突然喂药，容易呛入气管，造成窒息；撬嘴巴、捏鼻子喂药，可能损伤孩子娇嫩的口腔和脆弱的鼻黏膜；把药物当成糖果哄孩子吃，可能会让孩子误以为药丸可以随便吃，更容易引起误服。

★特 别 记 录★

DATE | 日 期　　/　　/　　MOOD | 心 情

来自爸爸妈妈的留言:

21 吃完药后发生呕吐需要重新补喂吗？

如果吃完药物 1 小时后呕吐了，通常不用给孩子补喂药物。如果吃完药物 15 分钟内呕吐了，则要按照之前剂量给孩子补喂药物 1 次。如果吃完药物 15 分钟至 1 小时之间呕吐了，服用不同药物的处理方式不一样，要参考药物说明书。例如，儿童退热药一般 30 分钟左右起效，若吃完药 30 分钟左右呕吐了，通常就不用补喂。

★特 别 记 录★

DATE | 日 期 / /　　MOOD | 心 情

来自爸爸妈妈的留言：

22 节日期间宝宝的饮食和作息应注意什么？

节日期间，不要随意打乱宝宝的作息时间、饮食习惯和规律。在饮食均衡的同时，还要注意不要过量，以免宝宝出现肠胃不适。作息时间不固定和睡眠时间减少，都可能引发消化系统和呼吸系统疾病，也会影响到宝宝的睡眠质量。

★特 别 记 录★

DATE | 日 期　　/　　/　　MOOD | 心 情

来自爸爸妈妈的留言:

23 节日期间应注意宝宝哪些疲倦表现？

节日期间，父母常常在忙碌中忽视了宝宝的睡觉时间。揉眼睛、拉耳朵、淡淡的黑眼圈都是疲倦的表现。如果宝宝开始有这些表现，就应该赶紧让他睡觉了。若未能及时催促宝宝上床睡觉，那么宝宝就可能会因过度疲倦而难以入睡。

★特 别 记 录★

DATE | 日 期　　/　　/　　MOOD | 心 情

来自爸爸妈妈的留言:

24 外出游玩时怎样远离二手烟？

选择到明令禁止吸烟的地方游玩。如果没有明令禁止吸烟的地方，就选择无烟区，如乘车时选择无烟车厢、就餐时选择无烟区域、住酒店选择无烟房间等。如果既没有明令禁止吸烟的地方，也没有无烟区，那就尽量选择通风较好的位置，带宝宝避开二手烟雾。

★特 别 记 录★

DATE | 日 期　　/　　/　　MOOD | 心 情

来自爸爸妈妈的留言:

25 走亲访友时怎样远离二手烟?

亲友来家，在门口贴上明显的提醒:“家有婴童请勿吸烟”。家中不留打火机、烟灰缸，不给吸烟者提供便利。去亲友家，如果双方比较熟悉，可以直接表示希望对方在孩子拜访期间暂时不要吸烟，并提前做好室内通风；如果双方不太熟悉，可以委婉表示希望带着孩子暂到阳台或其他区域，并找个理由尽早离开。

★特别记录★

DATE | 日期　　/　　/　　MOOD | 心情

来自爸爸妈妈的留言：

26 爆竹声中怎样安抚宝宝？

设法把宝宝的床安置在相对安静的位置（不要靠门窗）；入睡前后给宝宝播放舒缓的音乐；用耳罩护住宝宝的耳朵；爆竹声较大时守在宝宝身边，以防宝宝突然被惊醒；一旦宝宝被惊醒，及时给予安抚，如轻拍或低声说话，还可将宝宝搂抱在怀里。

★特 别 记 录★

DATE | 日 期 / / MOOD | 心 情

来自爸爸妈妈的留言：

27 节日期间宝宝的饮食黑名单有哪些?

提醒亲朋不要擅自给宝宝喂吃的：传统的春节美食大多高糖、高盐、高脂，并不适合宝宝；果冻、坚果、糖豆等食物因有卡喉风险，不适合 3 岁以下的宝宝；处于辅食添加期的宝宝，每次新增一种食物都需要观察；酒精会影响宝宝的大脑发育，任何给予宝宝酒精的行为（包括筷子蘸酒给宝宝）都要立即制止。

★特 别 记 录★

DATE | 日 期　　/　　/　　　MOOD | 心 情

来自爸爸妈妈的留言：

28 可以直接亲吻、拥抱宝宝吗?

提醒亲朋避免亲吻宝宝，拥抱之前先洗手。婴幼儿的免疫系统尚在发育中，容易感染病原微生物。成人不要随便亲吻宝宝的脸颊、嘴唇。表达爱意的方式有很多，拥抱是相对安全的选择。当然，拥抱也会在无形中增加婴儿接触病原微生物的机会，为了小宝宝的健康，要先洗手再拥抱。如果亲朋有感冒发热等症状，或者有传染性疾病接触史，也要避免接触宝宝。

★特 别 记 录★

DATE | 日 期 / / MOOD | 心 情

来自爸爸妈妈的留言：

29 出疹后可以擅自用药吗?

出疹后还是尽量去医院就诊，在医生的指导下规范用药。自行用药可能掩盖实际病情，反而影响医生的诊断。若是用药不当还可能造成局部刺激，进而加重原本的症状。

★特　别　记　录★

DATE | 日 期　　/　　/　　MOOD | 心 情

来自爸爸妈妈的留言：

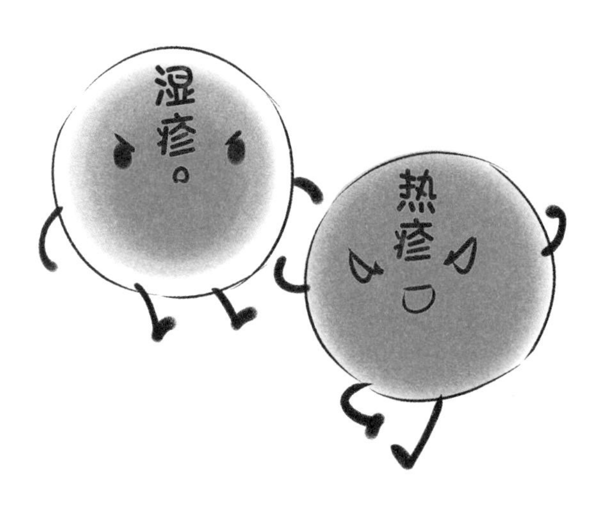

30 怎样快速鉴别热疹和湿疹?

湿疹起自皮下，边界不清，很快出现脱屑，严重时皮疹连成片，出现渗液红肿。热疹（痱子）起自毛囊，是边界清晰的小粒状红色皮疹，严重时皮疹内会出现乳白色脓液。热疹与室温过高、穿盖太厚、空气不流通导致的汗液无法顺利排出有关，应适当减少覆盖，保持皮肤干爽，一般不需要药物治疗。平时穿盖应以颈部温暖作为适宜标准。

★特 别 记 录★

DATE | 日 期　　/　　/　　MOOD | 心 情

来自爸爸妈妈的留言:

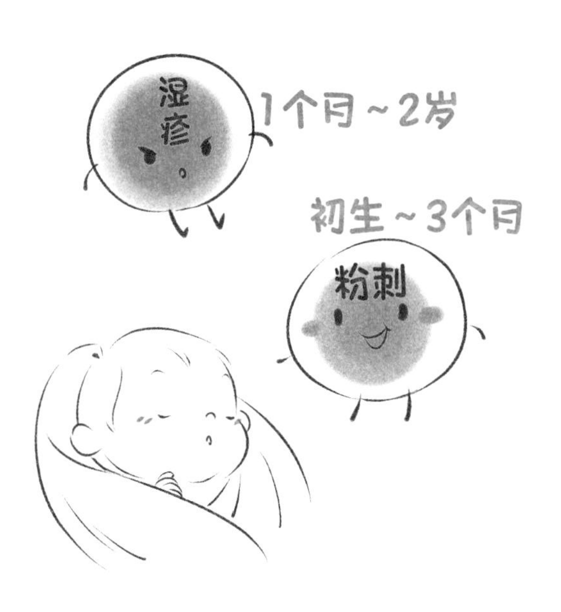

31 怎样快速鉴别面疱和湿疹?

湿疹多见于出生后 1 个月到 2 岁的宝宝，为瘙痒的红色斑丘疹→小水疱→结痂，反复出现，出汗加重。面疱（粉刺）多见于初生到 3 个月的宝宝，常见额头及脸颊，出现无瘙痒的红色或黄色米粒样疹。小婴儿刚从激素水平很高的母体出来，体内激素水平暂时也较高，面疱会随激素水平的下降逐渐消退。日常用清水给宝宝洗脸即可，千万不要挤压、用药。

★特 别 记 录★

DATE | 日 期　　/　　/　　　MOOD | 心 情

来自爸爸妈妈的留言:

虾米妈咪365育儿手账

2

2

32 患湿疹一定是因为食物过敏吗?

患湿疹不等于一定存在食物过敏。湿疹又称特异性皮炎，是一种主要涉及皮肤的慢性过敏性疾病，疹子的特点是瘙痒、干燥、长期。湿疹患儿中只有 1/3 与食物过敏（如牛奶、鸡蛋、大豆、小麦、甲壳贝类等）有关。儿童湿疹的发生常与环境（空气）中的过敏原（如尘螨、霉菌、动物皮屑、植物花粉等）有关。

★特 别 记 录★

DATE | 日 期　　/　　/

MOOD | 心 情

来自爸爸妈妈的留言:

33 治疗湿疹用哪些药？

首选外用糖皮质激素软膏，如地奈德乳膏、丁酸氢化可的松乳膏、糠酸莫米松软膏等；如果反复发作，需要长期用药，可以配合外用非激素类软膏（与糖皮质激素软膏交替使用可减少不良反应），如他克莫司软膏、吡美莫司软膏；如果瘙痒严重，可考虑口服抗组胺类药，如西替利嗪滴剂、氯雷他定糖浆等。

★特 别 记 录★

DATE | 日 期　　/　　/

MOOD | 心 情

来自爸爸妈妈的留言：

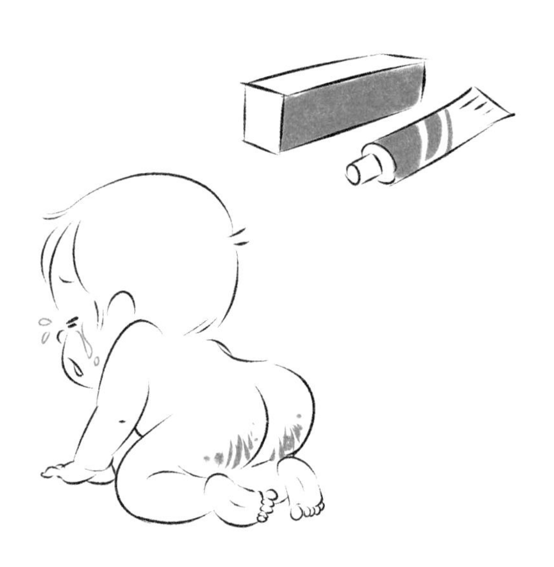

34 治疗尿布疹用哪些药?

不严重的话，可局部外用屏障保护剂，如含氧化锌或凡士林的产品；严重时，可局部短时间外用弱效或中效的糖皮质激素软膏，如地奈德乳膏、丁酸氢化可的松乳膏；合并真菌感染时，可局部外用抗真菌软膏，如酮康唑；合并细菌感染时，可局部外用抗菌软膏，如夫西地酸乳膏、莫匹罗星软膏。

★特 别 记 录★

DATE | 日 期　　/　　/

MOOD | 心 情

来自爸爸妈妈的留言：

35 如何预防尿布疹?

做好臀部清洁护理可以预防尿布疹。婴儿的皮肤与尿液、粪便长时间接触，尤其是在腹泻时或尿布中的大小便未得到及时清理时，常诱发尿布疹。局部潮湿加上摩擦会加重皮肤损伤，出现糜烂、破溃。尿布、湿纸巾和贴身衣服上的化学物质，以及新近添加的辅食或药物（如抗生素等），都会使尿布疹变得更加严重。

*世界癌症日 · 2月4日

★特 别 记 录★

DATE ｜日 期　　/　　/

MOOD ｜心 情

来自爸爸妈妈的留言：

36 偶尔感冒是坏事吗？

我们与微生物共存于这个世界上，偶尔感冒发热是无法避免的。感冒发热也不完全是坏事——正是在与微生物的不断接触中，我们才逐渐获得了相应的免疫力。尽管婴幼儿的免疫系统还不太成熟，但也足够对付那些普通的病毒感染。

★特 别 记 录★

DATE | 日 期　　　/　　　/

MOOD | 心 情

来自爸爸妈妈的留言：

37 有预防、治疗普通感冒的“特效药”吗？

没有。普通感冒多属于病毒感染，常见的病毒感染是自限性疾病，无论是否用药，都会在一周左右后自行好转。抗生素对病毒无效，抗病毒药物又有很强的毒性，感冒药也只能缓解或控制一些不适症状。其实，普通感冒就是可以不用药物治疗而痊愈的。

★特 别 记 录★

DATE | 日 期 / /

MOOD | 心 情

来自爸爸妈妈的留言:

38 普通感冒不推荐用哪些药?

普通感冒请避免不必要的用药：不乱用抗病毒药物；没有明确合并细菌感染时不用抗生素；不推荐使用复方感冒药物；婴幼儿不推荐口服减充血剂（伪麻黄碱和去氧肾上腺素）；6 岁以下儿童不推荐使用镇咳药物。另外，对于病毒感冒（非过敏导致）引起的鼻塞、流涕症状，常用的二代抗组胺药物其实也没有什么大的帮助。

★特 别 记 录★

DATE | 日 期　　/　　/

MOOD | 心 情　☺ ☹ 😮

来自爸爸妈妈的留言：

39 可以用复方感冒药吗？

避免服用复方感冒药。成人使用感冒药只是为了硬扛工作不得已而为之，最好选用专门针对某个症状的药物，尽量避免使用复方制剂。孩子只要没有严重影响到睡眠、饮食，一般没有必要用药。一旦严重影响到睡眠、饮食，出现哪个症状针对哪个症状护理用药即可。

★特 别 记 录★

DATE | 日 期　　/　　/

MOOD | 心 情

来自爸爸妈妈的留言：

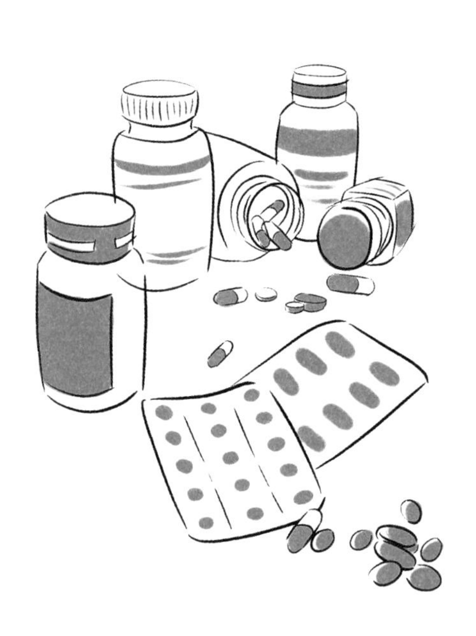

40 可以同时服用多种感冒药吗?

不可以。感冒药大都是复方制剂，不同商品名的背后只是药物成分和比例不同罢了。如果不得已使用了复方制剂，要避免同时服用同类药物，或检查同时服用的药物中是否含有相同的药物成分，避免因药物成分叠加导致的用药过量。

★特 别 记 录★

DATE | 日 期 / /

MOOD | 心 情

来自爸爸妈妈的留言:

41 可以给婴幼儿吃元宵吗？

农历正月十五是元宵节。不建议给 4 岁以下的婴幼儿食用元宵。元宵（汤圆）的糖、油含量较高，黏度也高，小宝宝的肠胃功能较弱，食用后不易消化，不建议食用，大点的孩子也建议少吃元宵。如果给孩子食用元宵，要切成适合其吞咽的小块，以免噎食或误入气道。

★特 别 记 录★

DATE | 日 期　　　/　　　/

MOOD | 心 情　　☺ ☹ ☺

来自爸爸妈妈的留言：

42 维生素 C 能治感冒吗?

日常服用维生素 C 并不能预防感冒，但有可能略微缩短感冒的病程。在出现感冒症状之后才开始服用维生素 C，则往往不能缩短感冒的病程，也不能减轻各种感冒的症状。每天补充过高剂量的维生素 C，可能增加泌尿系统结石的风险。维生素 C 泡腾片钠含量较高，不推荐服用。吃新鲜蔬果补充维生素 C 更安全。

★特 别 记 录★

DATE | 日 期　　/　　/

MOOD | 心 情

来自爸爸妈妈的留言：

43 癫痫是疫苗接种的禁忌证吗?

不是。有些疫苗（如乙脑、流脑、百白破等）接种后可能会导致体温升高，从而诱发或加重癫痫发作，但长期随访研究并未发现明显的副作用。接种此类疫苗之前，家长可以提前告知患儿的病史，根据情况选择新型疫苗，并提前掌握一些发热的护理方法。

世界癫痫日 · 每年 2 月的第二个星期一

★特 别 记 录★

DATE | 日 期　　/　　/

MOOD | 心 情

来自爸爸妈妈的留言：

44 宝宝咽痛时怎么办？

宝宝咽痛时要尽量减少其哭喊。任由宝宝大声哭泣，常会加重咽喉肿痛，所以必须尽量让宝宝安静下来，停止不必要的哭泣、哭喊。含片或许可以缓解咳嗽，但对治疗咽痛没有实际效果，且可能存在药物副作用，还有被误吸入气道发生窒息的风险。吃凉爽的水果缓解咽喉疼痛效果更好，同时还能补充一些水分。

★特别记录★

DATE | 日期　　/　　/

MOOD | 心情

来自爸爸妈妈的留言：

45 宝宝咽痛时饮食应注意什么？

辅食添加前的宝宝出现咽痛，可以喝点温的甚至凉的奶；辅食添加后的宝宝出现咽痛，可以喝点温的甚至凉的奶、水、汤；如果发现吮吸会加重或引起宝宝咽喉疼痛，可以改用杯子、勺子、注射器、胶头滴管等工具给宝宝喂温的甚至凉的流质食物；可以减量多次喂；不要给宝宝吃任何刺激性的食物，如过咸、过酸、过甜的食物。以上同样适用于扁桃体肿大或者口腔局部有溃疡的情况。

★特 别 记 录★

DATE | 日 期　　/　　/

MOOD | 心 情

来自爸爸妈妈的留言：

46 宝宝鼻塞怎样护理?

鼻塞是常见的感冒症状，通常是因为鼻内分泌物阻塞或鼻内黏膜肿胀所致。如因鼻内分泌物阻塞影响呼吸，需要及时将分泌物清除；如因鼻内黏膜肿胀影响呼吸，可用温毛巾敷于鼻根部，或者在充满温热水蒸气的浴室待一会儿，升高的温度和湿度有利于缓解鼻塞症状。

★特 别 记 录★

DATE | 日 期　　　/　　　/

MOOD | 心 情

来自爸爸妈妈的留言:

47 宝宝流清涕怎样护理？

如果流大量清鼻涕，可以帮助孩子擤鼻涕（小婴儿可以用吸鼻器轻轻吸出）或者鼓励孩子自己擤鼻涕。告诉孩子，流鼻涕是人体在清除病毒，为了尽快康复，要及时清除鼻涕。

★特 别 记 录★

DATE | 日 期　　　/　　　/

MOOD | 心 情

来自爸爸妈妈的留言：

48 宝宝鼻涕黏稠怎样护理？

如果大量黏稠的鼻涕阻塞鼻腔，影响了呼吸，可以先用生理盐水做个雾化，然后帮助孩子擤鼻涕（小婴儿可以用吸鼻器轻轻吸出）或者鼓励孩子自己擤鼻涕，也可以用蘸取少量生理盐水的棉签轻轻除去浓涕，最后用生理盐水或温水清洗鼻腔。

★特 别 记 录★

DATE | 日 期　　/　　/

MOOD | 心 情

来自爸爸妈妈的留言：

49 怎样教宝宝学会擤鼻涕？

宝宝喜欢玩游戏，我们的护理也要像游戏一样好玩：将柔软的卷纸搓成一只“小飞机”，轻轻塞到宝宝的一侧鼻孔，并用手指按住另一侧鼻孔，然后说“3、2、1，吹” “小飞机飞起来咯”。注意，卷纸不要搓得太小，且末尾要有“大尾翼”才不容易被孩子误吸入鼻腔。这个游戏结束，一定要提醒宝宝不要自己往鼻孔里面塞物品。

★特 别 记 录★

DATE ｜日 期　　　/　　　/

MOOD ｜心 情

来自爸爸妈妈的留言：

50 感冒症状如果不影响生活还要做护理吗？

很多孩子虽然有轻微的发热、咳嗽、流涕、鼻塞，却和平时一样吃得好、喝得好、睡得香、玩得开心。感冒症状如果不影响日常生活，其实连对症护理都可以不做。切记，针对某个症状进行适当的护理，只是为了让在疾病中的人体感觉舒适一些而已。

★特 别 记 录★

DATE |日 期　　/　　/

MOOD |心 情

来自爸爸妈妈的留言：

51 甲流高发期怎样做好防护？

勤洗手、勤通风、保持社交距离、在人群密集空间戴口罩等，对预防甲流都有效。比起预防性用药，提前接种流感疫苗更靠谱。比起奥司他韦（主要用于住院和重症），准备退热药（布洛芬、对乙酰氨基酚）在高热时更有用。对症护理很重要：针对发热主要是大量补充水分；针对咽痛可以吃凉爽的流质饮食；针对咳嗽可以加强通风换气，提高室内湿度，试试甜食——糖、蜂蜜（1岁以下不能用），等等。

★特 别 记 录★

DATE | 日期　　/　　/

MOOD | 心情

来自爸爸妈妈的留言：

52 如何正确应对打喷嚏和咳嗽?

打喷嚏和咳嗽时用纸巾或手肘掩住口鼻，能减少对外界释放病毒或细菌。不要用手掌掩住口鼻，因为手掌接触其他物品的机会较多，容易将病毒和细菌播散开去。有鼻涕飞沫的纸巾要及时丢进垃圾箱，并立即洗手。

★特 别 记 录★

DATE | 日 期 / /

MOOD | 心 情

来自爸爸妈妈的留言:

53 诺如病毒感染都有哪些症状？

诺如病毒感染以呕吐症状更明显。起病头 12 小时内呕吐尤为剧烈，随后逐渐缓解，呕吐频率下降；腹泻症状通常出现在起病几小时至几天（第 2、3 天）后，且症状不重，很少超过 1 周；病程中可伴有发热，但发热症状不是首发也不是主要症状，即使病程中有发热，通常为中低热，如果病程中有高热，多为暂时性的。总的来说，1 岁至 11 岁的孩子以呕吐症状为主，病程中可出现腹泻症状；1 岁以下和 12 岁以上的孩子以腹泻症状为主，但病程中也会出现恶心呕吐症状。

★特 别 记 录★

DATE | 日 期　　/　　/

MOOD | 心 情

来自爸爸妈妈的留言：

54 感染了诺如病毒该怎么治疗?

诺如病毒感染是自限性疾病，以对症治疗为主，主要是补充水分、电解质，以预防脱水，病程中一般不需要服用止吐药、止泻药、抗病毒药和抗生素。预防脱水的办法是尽可能维持正常饮食，可以根据喜好增加流质、半流质食物。轻中度脱水以口服补液为主，重度脱水需要静脉补液及住院治疗。

★特别记录★

DATE | 日期 / /

MOOD | 心情

来自爸爸妈妈的留言：

55 感染了诺如病毒该怎么护理？

与其他以呕吐为主要症状的疾病不同，感染诺如病毒呕吐之后精神不会很差，呕吐之后仍想喝水，喝水之后继续呕吐。尽管患儿进食之后可能再次呕吐，但仍要适当鼓励进食，有助于预防和纠正脱水。呕吐之后立即喝水或喝补液盐容易再次引发呕吐，因此，建议呕吐之后稍等片刻再喝液体，且要少量多次饮用，不要一次性喝得太多。

★特 别 记 录★

DATE | 日 期　　/　　/

MOOD | 心 情

来自爸爸妈妈的留言：

56 呕吐、干呕、反流有哪些区别？

呕吐是指用力将胃内容物从口腔排出的过程。干呕是指声门关闭、腹肌收缩，抑制胃内容物排出的过程。反流是指少量的食物或者胃内容物从口腔不由自主地排出。婴儿在健康的情况下也会发生反流和干呕。

★特 别 记 录★

DATE | 日 期 / /

MOOD | 心 情

来自爸爸妈妈的留言：

57 身高主要受遗传影响吗？

是的，遗传因素对孩子最终身高的影响最大，约占70%。男孩遗传身高计算公式：（父亲身高＋母亲身高＋13）/2±4，单位为厘米。女孩遗传身高计算公式：（父亲身高＋母亲身高－13）/2±4，单位为厘米。在此基础上，孩子的身高还是会有很大变数的，远离疾病、均衡营养、充足睡眠、适量运动及良好心态都能帮助孩子长高。

★特 别 记 录★

DATE | 日 期　　/　　/

MOOD | 心 情

来自爸爸妈妈的留言:

58 身高异常要考虑哪些问题?

身高异常要考虑内分泌激素与骨、软骨发育不全的影响，如甲状腺功能减退引起的克汀病、腺垂体分泌生长激素过多所致的巨人症、软骨发育不全引起的侏儒症等。另外，急性病只影响孩子的体重，反复发作、慢性迁延的疾病则会影响孩子的体重和身高。身高与短期的营养状况关系不大，与长期的营养状况密切相关。

★特 别 记 录★

DATE | 日 期　　　/　　　/

MOOD | 心 情

来自爸爸妈妈的留言：

59 除了重视营养之外，还有哪些办法能帮助孩子长高？

保障孩子的睡眠时间；去除影响睡眠的因素（如睡前喝含咖啡因的饮料、吃夜宵、做运动、玩手机等）；孩子入睡后要关灯；家长和孩子一起做些亲子运动、有氧运动，下午和傍晚是比较合适的运动时间，要量力而行、循序渐进，不要做过量的负重运动（如举重），也不主张儿童、青少年做太过激烈的运动（如马拉松）。总之，充足的睡眠和适量的运动能帮助孩子长高。

★特 别 记 录★

DATE | 日 期　　/　　/

MOOD | 心 情

来自爸爸妈妈的留言：

60 心理压力会影响孩子长高吗?

会。入园或入学之后，孩子有了学习压力、社交压力，甚至家长的态度或期望也会给孩子造成压力。压力会影响孩子的饮食、睡眠，从而影响孩子的生长发育。因此，家长要帮助孩子及时调节压力，维持良好的心态。

国际罕见病日 · 每年 2 月的最后一天

★特 别 记 录★

DATE | 日 期　　/　　/

MOOD | 心 情

来自爸爸妈妈的留言：

虾米妈咪365育儿手账

3

3

61 身材矮小的孩子要用生长激素吗?

发现孩子身材矮小或生长缓慢，请务必在孩子青春期之前，骨骺端没有完全闭合时，到医院内分泌科就诊。专科医生在详细检查之后，会根据孩子的实际情况考虑是否需要使用生长激素。不是每个身材矮小的孩子都要用生长激素，培养健康的生活习惯才是最重要的。

★特 别 记 录★

DATE | 日 期　　/　　/　　MOOD | 心 情

来自爸爸妈妈的留言：

62 水痘出疹期怎么护理?

避免摩擦或碰破皮肤水疱，保持皮肤清洁；修剪指甲避免过度挠抓，以免造成皮肤损伤和感染；皮肤瘙痒处可局部外涂炉甘石洗剂（水疱破溃时不能使用）；若水疱破裂后继发感染，可以局部外用抗生素药膏。

★特 别 记 录★

DATE丨日 期　　/　　/　　MOOD丨心 情

来自爸爸妈妈的留言：

63 耳仓若无症状需要治疗吗？

不需要。耳朵上的小洞俗称耳仓，医学上叫耳前瘘管，是一种常见的先天性外耳畸形。中国先天性耳前瘘管发生率为 1.2%。虽然耳仓一般不会自行闭合长好，但只要不发生感染，对健康倒也无碍。平时保持局部清洁干燥，不要用手挤压，一旦发痒有分泌物要及时就诊。

** 全国爱耳日 · 3 月 3 日*

★特 别 记 录★

DATE | 日 期　　/　　/　　MOOD | 心 情

来自爸爸妈妈的留言：

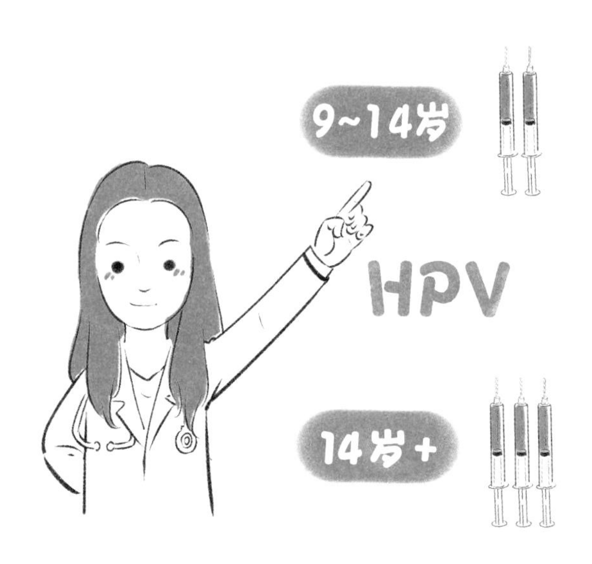

64 HPV 疫苗价次越高预防越广吗？

是的。目前世界上已被发现的人乳头瘤病毒（HPV）有 200 多个型别，根据致癌性不同，分为高危型和低危型。二价疫苗针对 HPV 16、18 型，可预防约 70% 宫颈癌的发生；四价疫苗针对 HPV 6、11、16、18 型，可预防约 70% 宫颈癌和 90% 尖锐湿疣的发生；九价疫苗针对 HPV 6、11、16、18、31、33、45、52、58 型，可预防约 90% 宫颈癌、90%尖锐湿疣、85% 阴道癌和 95% 肛门癌的发生。目前，HPV 疫苗 9 岁之后就可以开始接种，9 到 14 岁期间全程接种 2 剂次，14 岁后需全程接种 3 剂次。

** 国际 HPV 知晓日 · 3 月 4 日*

★特 别 记 录★

DATE | 日 期 / / MOOD | 心 情

来自爸爸妈妈的留言：

65 常见的食物过敏症状有哪些?

食物过敏可能表现为皮肤症状（荨麻疹、砂纸状皮疹、干痒、眼皮肿、嘴唇肿、手脚肿等），或表现为消化道症状（肠绞痛、反流、呕吐、腹泻、便秘、腹痛、腹胀、肠内出血、肛周皮疹等），也会表现为呼吸道症状（鼻塞、流涕、喷嚏、眼部刺激、持续咳嗽、气喘等），还会表现为体重增加缓慢或停止增加等。

★特 别 记 录★

DATE | 日 期　　/　　/　　MOOD | 心 情

来自爸爸妈妈的留言：

66 辅食添加前后怎么大致确定过敏原？

添加辅食之前，如果混合喂养或配方奶粉喂养的宝宝发生过敏，首先考虑牛奶蛋白过敏；如果纯母乳喂养的宝宝发生过敏，过敏食物可能来自母亲的饮食成分，宝宝在母亲进食某种食物几小时（2 ~ 8 小时）后会出现过敏症状。添加辅食之后，过敏大都来自宝宝的饮食成分，宝宝在接触食物几分钟之内（不超过 2 小时）就会出现过敏症状。

★ 特 别 记 录 ★

DATE | 日 期　　/　　/　　MOOD | 心 情 ☺ ☹ ☹

来自爸爸妈妈的留言：

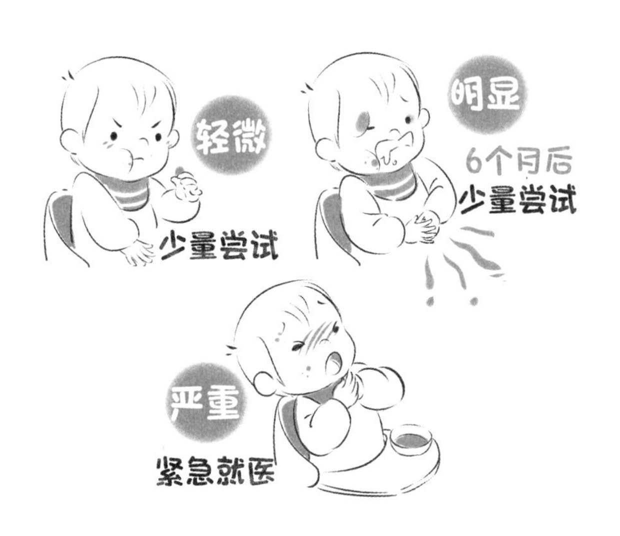

67 发生食物过敏反应该怎么处理？

如果食物过敏反应轻微，只是出现口周红疹、红肿、瘙痒等，可继续少量尝试这种食物，通常会很快适应，不必担心变成“过敏体质”；如果食物过敏反应明显，出现眼部肿、脸部肿或全身荨麻疹、腹痛、呕吐等，可暂停添加这种食物，3 ~ 6 个月后再少量尝试，这期间可以给宝宝尝试其他食物;如果食物过敏反应严重，出现呼吸困难、声音嘶哑、严重的咳喘，甚至昏迷，应紧急就医，确定过敏原后，要尽量避免再次接触。

★特 别 记 录★

DATE | 日 期 / /　　MOOD | 心 情

来自爸爸妈妈的留言：

68 需要给宝宝做过敏原检测吗？

年龄是影响皮肤和血液过敏原检测准确度的重要因素。总体来说，2 岁前做过敏原检测意义不大，阳性结果不代表一定过敏，阴性结果也不排除过敏的可能。以实验室过敏原 IgE （一种免疫球蛋白）检测为例，该检测只针对速发型过敏反应，并非针对所有的过敏反应，只能反映对接受过的食物是否过敏，无法预测未接受过的食物，且体内 IgE 浓度须增高到一定程度才能被检测到。因此，1 岁以下或过敏症状出现较短的宝宝，做过敏原检测没有意义。

★特 别 记 录★

DATE｜日 期　　/　　/　　MOOD｜心 情

来自爸爸妈妈的留言：

69 怎么确定过敏原？

可以通过“回避 / 激发试验”确定过敏原。一般以停止接触某种物品或停止进食某种食物作为“回避试验”，以再次接触该物品或（少量）进食该食物作为“激发试验”。如果回避试验中症状有所改善，激发试验中症状再次出现，则可诊断为过敏，并确定过敏原。通俗点说，多次进食某种食物，过敏症状反复出现，应该基本可以确定这种食物是过敏原。

★特 别 记 录★

DATE | 日 期　　/　　/　　MOOD | 心 情

来自爸爸妈妈的留言：

70 如何区分过敏与不耐受？

简单地说，过敏是免疫系统参与的反应，而不耐受是没有免疫系统参与的反应。对于有免疫系统参与的过敏反应，只需要一点点过敏原，就能引发身体巨大的反应，甚至迅速危及生命。

★特 别 记 录★

DATE | 日 期　　/　　/　　MOOD | 心 情

来自爸爸妈妈的留言:

71 什么时候对宝宝进行如厕训练？

如厕训练需要遵循宝宝的时间表，在宝宝尚未做好生理准备和心理准备之前，不建议对其进行如厕训练。研究表明，18 月龄甚至更早开始进行如厕训练的宝宝，通常在 4 岁时才能完全脱离尿布；而在 2 岁左右开始如厕训练的宝宝，通常在 3 岁左右就可以完全脱离尿布。

★特 别 记 录★

DATE | 日 期　　/　　/　　MOOD | 心 情

来自爸爸妈妈的留言：

72 哪些迹象表明宝宝可以开始如厕训练了？

1. 宝宝充分饮水，但尿布经常是干的，说明宝宝逐渐对膀胱有了一定的控制力。2. 停止玩耍，待着不动，看着你，试图告诉你发生了什么，说明宝宝已经意识到自己正在排尿或排便。3. 能听从指令，喜欢模仿，并对成人上厕所表现出兴趣。4. 表现出各种独立意识，渴望自己做些事。5. 能够协调动作，顺利地坐到儿童坐便器上，甚至自己穿脱裤子。6. 开始规律排便。

★特 别 记 录★

DATE | 日 期　　/　　/　　　MOOD | 心 情

来自爸爸妈妈的留言：

73 哪些情况下要考虑延后如厕训练？

如果宝宝的生活正在发生重大的变化，最好等到一切调整到正常状态后再让其学习新的技能。例如：刚换了主要照看者，包括换了保姆；家庭成员发生变化，如亲人分离、父母离婚、新添弟妹等；搬家或暂居别处等。

★特 别 记 录★

DATE | 日 期　　/　　/　　MOOD | 心 情

来自爸爸妈妈的留言：

74 孩子不明原因的发热、烦躁、哭闹、胃口差是怎么回事？

要警惕尿路感染。尿路感染常表现为尿频、尿急、尿痛，因小宝宝无法用语言表达，容易被忽视。如果宝宝出现不明原因的发热、烦躁、哭闹、胃口差等症状，建议做尿常规检查。尿常规中若发现大量白细胞，提示尿路感染；镜下血尿常见于泌尿系统感染或结石等，发热时尿常规也会检出红细胞，可以在退热后复查尿常规；若尿蛋白持续增多，考虑肾脏疾病或发热、剧烈活动等情况。

** 世界肾脏日 · 每年 3 月的第二个星期四*

★特 别 记 录★

DATE | 日 期　　/　　/　　　MOOD | 心 情

来自爸爸妈妈的留言：

75 如厕自理早晚与智力或基因有关吗？

与学习其他任何新技能一样，每个宝宝掌握如厕技能的方式和速度都不一样。让宝宝学会自主如厕最快的方法就是遵从宝宝的“发育信号”，不要着急，跟随宝宝的节奏和速度，耐心等待时机成熟。宝宝如厕自理早晚与智力无关，与基因相关。如果父母双方的家族成员在如厕自理这件事情上均有着优良的表现，那么宝宝在如厕自理上的表现自然也不会差。

★特 别 记 录★

DATE | 日 期　　/　　/　　　MOOD | 心 情 ☺ ☹ ☹

来自爸爸妈妈的留言：

76 怎样帮助宝宝建立良好的排便习惯?

小宝宝常常睡醒拉、吃完拉，家长不要担忧，晨起排便、餐后排便，都是正常的排便反射。宝宝逐渐适应如厕自理训练后，家长可以利用晨起和餐后的排便反射，试着让孩子晨起或餐后蹲在便盆上 5 ~ 10 分钟。定时排便习惯的养成也需要家长的鼓励。

★特 别 记 录★

DATE | 日 期　　/　　/　　MOOD | 心 情

来自爸爸妈妈的留言：

77 孩子学会如厕后为何开始怕水?

孩子对水产生恐惧的时间与他学会如厕的时间基本同步。例如：害怕浴缸中的水，所以拒绝洗澡；害怕马桶中的水，担心自己也会像大便一样被水卷走……不必担心，这说明宝宝逐渐对“深度”“高度”有了概念，逐渐在形成三维空间。对探索期的宝宝来说，这种意识无疑也是一种自我保护。

★特 别 记 录★

DATE | 日 期　　/　　/　　MOOD | 心 情

来自爸爸妈妈的留言：

78 宝宝舌苔又白又厚是“上火”吗?

宝宝的唾液腺还未发育成熟，唾液相对较少，加上胃肠道也未发育成熟，容易消化不良，而且喝奶后很少漱口，舌面上会有乳汁残留，这与“上火”没有关系。添加辅食以后，每次宝宝吃完辅食、喝完奶后，可以给宝宝喝几口水来清洁口腔。

全国爱肝日 · 3月18日

★特 别 记 录★

DATE | 日 期　　/　　/　　MOOD | 心 情

来自爸爸妈妈的留言：

79 如何判断孩子睡眠是否充足？

婴幼儿的睡眠规律在不断发生变化，不同月龄宝宝的睡眠需求不同，同一月龄宝宝的睡眠时间和小睡次数也存在个体差异。判断孩子睡眠是否充足需要综合衡量。如果宝宝食欲好、精神好、情绪佳、生长发育正常，即使睡眠时间没能达到一般水平，也不必过分担忧。和“睡眠是否充足”相比，你更迫切需要解决的问题是帮他养成良好的睡眠习惯。

★特 别 记 录★

DATE | 日 期　　/　　/　　MOOD | 心 情

来自爸爸妈妈的留言：

80 怎样教孩子把牙齿刷干净？

口腔医生在检查孩子刷牙是否干净时会使用一种“菌斑显示剂”：在孩子刷牙之后，用棉签蘸上显示剂，涂在牙齿的三个面和齿龈结合处，然后用清水漱口。如果显示剂着色在牙齿或齿龈结合处，说明这部分还没刷干净（有牙菌斑），需要继续重点刷，直至着色全部清除。

** 世界口腔健康日 · 3 月 20 日*

★特 别 记 录★

DATE | 日 期　　/　　/　　　MOOD | 心 情

来自爸爸妈妈的留言：

81 小婴儿哪种睡姿更安全?

仰睡是相对安全的睡姿，趴睡是最危险的。侧睡比较接近宝宝在子宫里的姿势，在一定程度上能降低溢奶的概率，但容易变成危险的趴睡。婴儿在完全有能力控制自己身体之前，趴睡会因为无法翻转回来而发生窒息，所以建议让婴儿仰着睡在有一定硬度的平坦的地方，至少在他能稳当抬头并会自由翻身后，才考虑让他自由选择舒服的睡觉姿势。

** 世界睡眠日、世界唐氏综合征日 · 3 月 21 日*

★特 别 记 录★

DATE | 日 期　　/　　/　　MOOD | 心 情 ☺☹😮

来自爸爸妈妈的留言:

82“防侧睡枕”“定型枕”安全吗?

不安全。为了保持宝宝特定的睡姿或为了改善宝宝的头型而设计的“防侧睡枕”“定型枕”等，对于改善宝宝的头型并没有好处。相反，在宝宝还不能自主翻身之前使用这类枕头，只会增加宝宝窒息的风险。此外，不要在婴儿周围放置松软的物品，不要让婴儿穿盖过多过厚，尽量不要给婴儿使用安全床围，尽量不要让婴儿与（有失察风险的）成人同睡。

★特 别 记 录★

DATE｜日 期　　/　　/　　MOOD｜心 情

来自爸爸妈妈的留言：

83 如何预防婴儿扁头综合征?

平时让宝宝仰着睡、趴着玩；帮助仰睡的宝宝偶尔变换一下头部的位置；通过改变房间和床周围的玩具物品来改变宝宝躺着时喜欢注视的方向; 宝宝睡觉时通常喜欢面向妈妈，因此妈妈可以偶尔变换下自己和宝宝的左右位置。

★特 别 记 录★

DATE | 日 期　　/　　/　　MOOD | 心 情

来自爸爸妈妈的留言：

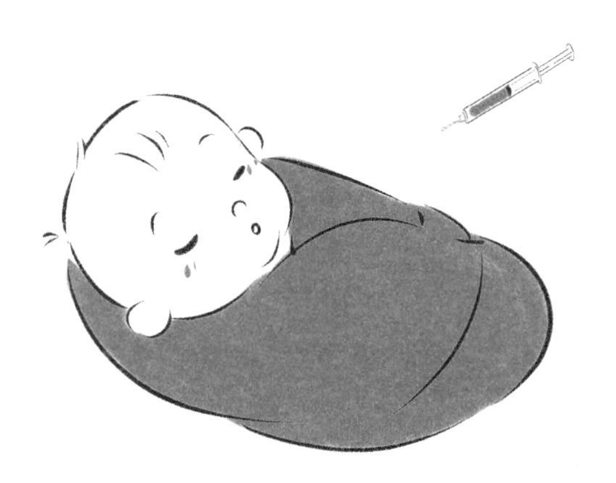

84 接种卡介苗会有哪些反应?

接种卡介苗后发生暂时性的发热或局部红肿、硬结属于正常现象，但如果出现局部强反应（脓液范围大于 1 厘米）或同侧腋下淋巴结强反应（肿大超过 1 厘米或破溃），应及时就医治疗。接种卡介苗以后，90% 的孩子在接种处会留下一个小小的疤痕（卡疤），但没有卡疤并不代表接种无效。

** 世界防治结核病日 · 3 月 24 日*

★特 别 记 录★

DATE | 日 期　　/　　/　　MOOD | 心 情 ☺ ☹ ☺

来自爸爸妈妈的留言:

85 婴儿可以与成人同床睡吗?

最好不要让婴儿与成人同床睡。虽然婴儿与成人同床睡便于哺乳和安抚，但当婴儿睡着后最好还是将其放回婴儿床——让宝宝单独睡，可以降低婴儿猝死综合征的发生概率。当然，也可以使用亲子床或让宝宝的小床紧挨着成人的床，采取宝宝与家长同室不同床的睡眠方式。

★特 别 记 录★

DATE | 日 期　　/　　/　　MOOD | 心 情

来自爸爸妈妈的留言：

86 父母关系对孩子的睡眠会产生哪些影响?

父母关系及父母如何处理日常生活矛盾，对孩子长大后的情感行为和学习能力都会产生明显的影响。父母关系不和、经常吵架会干扰孩子的睡眠，导致孩子难以建立规律睡眠，出现入睡困难、睡眠维持困难等睡眠障碍。

★特 别 记 录★

DATE | 日 期 / /   MOOD | 心 情

来自爸爸妈妈的留言:

87 哪些药物会影响睡眠?

会引起嗜睡或兴奋的药物都可能影响睡眠。伪麻黄碱、氨茶碱等会引起兴奋；苯海拉明、马来酸氯苯那敏等会引起嗜睡；金刚烷胺可引起幻觉、头晕、噩梦等；镇静类药物有抑制中枢的作用；一些止咳平喘药和皮质激素类药都有兴奋中枢的作用；抗生素等对消化道黏膜有刺激的药物也会影响睡眠休息。

★特 别 记 录★

DATE | 日 期　　/　　/　　MOOD | 心 情

来自爸爸妈妈的留言：

88 反复出现呼吸道症状是免疫功能低下吗？

不一定。经常出现流鼻涕、打喷嚏、咳嗽等呼吸道症状，并不意味着就是反复感染，也可能是过敏所致。千万不要在没有客观依据的情况下，轻易判断宝宝免疫力低下，更不能把过敏和免疫力低下混为一谈。常见的呼吸系统过敏症状有鼻塞、流涕、喷嚏、瘙痒、眼部刺激、咳嗽、哮喘相关的喘息等。

★特 别 记 录★

DATE | 日 期　　/　　/　　MOOD | 心 情

来自爸爸妈妈的留言：

89 呼吸系统过敏症状在不同年龄段表现一样吗?

不一样。18 月龄以下婴儿的呼吸系统过敏症状可能与食物有关，且呼吸系统症状很少单独出现，常伴随消化系统（严重肠绞痛）和皮肤过敏症状（湿疹）出现。对环境空气过敏原敏感的呼吸系统过敏症状通常开始于 18 ~ 24 月龄。哮喘可能发生得较早，但 2 岁以内发生率低，7 岁左右达到发病高峰，随后开始下降，部分人会持续到成年。7 ~ 10 岁以后鼻过敏变得常见，14 ~ 15 岁达到发病高峰，通常终身存在。

★特 别 记 录★

DATE | 日 期　　/　　/　　　MOOD | 心 情

来自爸爸妈妈的留言：

90 如何通过年龄段缩小过敏原的排查范围？

食物过敏在婴幼儿期发生率最高，环境空气过敏通常不是婴幼儿期过敏的主要原因。主要食物过敏发生在 2 岁以内，随着年龄增长，食物过敏的发生率会逐渐下降，2 岁左右开始出现对环境空气过敏原的过敏反应。两个阶段会有重叠，2 ~ 4 岁的儿童可能同时出现食物过敏和环境空气过敏。大多数食物过敏会随着年龄增长逐渐消失，而环境空气过敏可能持续存在。

★特 别 记 录★

DATE | 日 期　　/　　/　　MOOD | 心 情 ☺ ☹ ☺

来自爸爸妈妈的留言：

91 如何通过季节缩小过敏原的排查范围？

季节性过敏主要发生在春秋两季，过敏原一般是树木花草的花粉和毛絮等，通常鼻子、眼睛都会出现过敏症状；若过敏主要发生在炎热和寒冷季节，那么过敏原还可能包括空调、暖气中的灰尘和霉菌；全年性过敏原通常包括灰尘、尘螨、霉菌、动物皮屑、食物等。

★特 别 记 录★

DATE | 日 期 / / MOOD | 心 情

来自爸爸妈妈的留言:

虾米妈咪365育儿手账
4

4

107 几月龄开始添加辅食比较好?

108 血友病儿童如何健康成长?

109 哪些信号表明宝宝可以开始添加辅食了?

110 添加辅食后就要给宝宝改喂配方奶粉吗?

111 宝宝多大可以尝试酸奶、奶酪、鲜奶?

112 宝宝的第一口辅食可以吃什么?

113 黄疸未退可以接种疫苗吗?

114 湿疹影响疫苗接种吗?

115 鸡蛋过敏影响疫苗接种吗?

116 有热性惊厥史的孩子可以接种疫苗吗?

117 使用抗生素治疗影响疫苗接种吗?

118 接种疫苗后要多喝水吗?当天能洗澡吗?

119 接种疫苗后可能会出现哪些副作用?

120 怎么吃更健康、更营养?

121 辅食为什么要现做现吃?

92 免疫功能越“强”越好吗？

免疫力来自免疫系统，免疫系统具有免疫防御、免疫自稳和免疫监视三大功能。我们通常所说的“好的免疫力”是指免疫功能正常。“好的免疫力”其实是一种平衡，并不是越“强”越好。

★特 别 记 录★

DATE | 日 期 / /

MOOD | 心 情

来自爸爸妈妈的留言：

93 如何回答孩子关于“死亡”的提问？

当回答孩子关于“死亡”的提问时，诚实为最上策。随着成长，孩子不得不面临各种死亡实例，如宠物死亡、亲人过世、丧葬出殡、祭祀悼念及新闻中有关死亡的各种场景，是时候让孩子了解生命的由来与归属了。我们需要及时解答孩子对死亡的困惑，疏导负面情绪，帮助他们形成对疾病、衰老和死亡的正确认知。

世界自闭症日 · 4月2日

★特 别 记 录★

DATE | 日 期　　　/　　　/

MOOD | 心 情　　😀 😣 😮

来自爸爸妈妈的留言：

94 冬春季如何预防流脑？

流脑通过呼吸道传播，人群普遍易感，5 岁以下儿童是最易感人群。流脑全年均有散发，冬春两季发病较多，尤以 2 ~ 4 月为发病高峰，甲型流感流行后易继发流脑流行。接种流脑疫苗是最佳的预防途径，目前中国有 A、C、Y、W-135 型的疫苗可选择。疾病流行期间，尽量避免带儿童到人流密集的公共场所，保持个人卫生，注意饮食合理，避免过度劳累，适当运动锻炼。流脑是细菌感染性疾病，除了对症支持治疗外，还需要抗生素治疗。

★特 别 记 录★

DATE | 日 期　　　/　　　/

MOOD | 心 情

来自爸爸妈妈的留言：

95 冬春季如何预防麻疹、风疹？

麻疹和风疹任何季节均可发病，冬春季多见，好发于 6 月龄至 5 岁的孩子。托幼学校常集体发病，且都是以皮疹为主要症状的急性病毒性传染病。麻疹病毒通过直接接触和飞沫传播，传染性更强，感染后症状更重；风疹病毒通过飞沫传播，感染后症状较轻，但先天性风疹综合征患儿感染后症状较重。及时接种麻腮风三联疫苗是最重要、最有效的预防措施。育龄妇女孕前接种风疹疫苗可避免孕期发生风疹病毒感染，是预防婴儿先天性风疹综合征的关键。

★特 别 记 录★

DATE | 日 期　　/　　/

MOOD | 心 情

来自爸爸妈妈的留言：

96 保持清洁卫生需要营造无菌环境吗？

家中不必经常使用消毒剂，保持清洁卫生并不等于需要无菌环境，过分干净的环境对任何年龄人群的免疫力都是一种干扰。环境中的正常菌群减少，人体免疫系统接受正常刺激的机会就会减少，这会阻碍免疫系统的正常运作，容易造成过敏等免疫性疾病。哪怕是在最重视消毒的医院里，也做不到百分之百无菌。医院甚至是“超级细菌”的聚集地，而“超级细菌”可抵御强大的消毒剂和抗生素，对健康危害极大。

★特 别 记 录★

DATE | 日 期　　/　　/

MOOD | 心 情

来自爸爸妈妈的留言：

97“吃”入少量细菌会影响人体健康吗?

不会。不断“吃”入少量细菌能促进免疫系统成熟。过于认真地对婴儿的奶瓶和用具进行消毒、在哺乳前过于认真地擦洗乳房等，都会减少婴幼儿接触正常菌群的机会，从而延迟、阻碍或破坏宝宝肠道正常菌群的建立，不利于免疫系统的发育。人体已经很好地适应了正常环境中的微生物，如果进行专门消毒，残留的消毒剂进入体内或接触皮肤后反而会影响健康。

★特 别 记 录★

DATE | 日 期　　/　　/

MOOD | 心 情

来自爸爸妈妈的留言:

98 生病了自己用点消炎药（抗生素）好得更快吗?

滥用抗生素会损伤免疫系统、破坏人体自身的保护机制，如破坏肠道内正常的菌群，发生抗生素相关性腹泻，增加过敏等免疫性疾病的发生机会。长期不合理使用抗生素还会导致产生耐药菌。

*世界卫生日 · 4 月 7 日

★特 别 记 录★

DATE | 日 期　　/　　/

MOOD | 心 情

来自爸爸妈妈的留言:

99 维生素 D 要补到几岁？

理论上，维生素 D 应从胎儿期开始补至终身。1 岁以下的宝宝建议每天补充 400 国际单位，1 岁到 70 岁人群建议每天补充 600 国际单位，70 岁以上人群建议每天补充 800 国际单位，妊娠后期和哺乳期女性无论任何季节都建议每天补充不少于 400 国际单位。根据各地日照情况和个人户外活动情况，可以与医生商议何时不再额外补充维生素 D。

★特 别 记 录★

DATE | 日 期　　　/　　　/

MOOD | 心 情

来自爸爸妈妈的留言：

100 宝宝餐怎么做更易吸收?

粗粮含有大量膳食纤维，不易消化吸收，可以煮烂成粥或打磨成粉（以便做糊）；蔬菜纤维较长，不易消化吸收，可以去皮、切碎、蒸软；肉类纤维较长，不易消化吸收，可以去皮、切碎、蒸软、煮烂、炖汤，做成肉馅、丸子以适合宝宝的口味；面粉可以发酵做成松软的包子、馒头。

*国际护胃日 · 4月9日

★ 特 别 记 录 ★

DATE | 日 期　　/　　/

MOOD | 心 情

来自爸爸妈妈的留言:

101 宝宝枕秃、肋骨外翻是缺钙的表现吗?

不是。婴儿躺着的时间相对较长，枕部头发会因为经常受到摩擦而脱落或长得缓慢，这便是我们经常看到的“枕秃”。轻度的肋骨外翻在婴幼儿期也很常见，是婴幼儿从卧位到坐位、站位这一发展过程中胸廓正常发育的阶段性现象，与膈肌牵拉、腹式呼吸等相关，会随着胸廓的发育逐渐消失。

★特 别 记 录★

DATE | 日 期　　　/　　　/

MOOD | 心 情

来自爸爸妈妈的留言：

102 睡觉时磨牙是因为缺钙或有虫吗?

睡觉时磨牙往往与缺钙或有虫无关。磨牙的诱因不明，目前有许多假设，包括精神压力、牙齿咬合不良等。50%的儿童存在磨牙现象，平均发生年龄为 10.5 月龄。磨牙现象通常在成长过程中会自然消退，若是情况严重，可能导致牙齿和牙龈问题，需要及时去口腔科就诊。

★特 别 记 录★

DATE | 日 期　　　/　　　/

MOOD | 心 情

来自爸爸妈妈的留言：

103 关节弹响是因为缺钙吗？

有的孩子在屈伸运动时，膝关节甚至髋关节会出现弹响，但是活动不受限，也没有疼痛，这种关节弹响与缺钙没有关系。如果孩子表述出现明显的疼痛，需要及时去骨科就诊。

★特 别 记 录★

DATE | 日 期 / /

MOOD | 心 情

来自爸爸妈妈的留言：

104 0～1岁的宝宝怎样吃才能满足钙的需求量？

0～6月龄的宝宝每天若能保证700毫升左右的母乳和（或）配方奶，配合补充400国际单位维生素D，就能基本满足本阶段钙的需求量。

7～12月龄的宝宝每天若能保证600毫升左右的母乳和（或）配方奶，配合补充400国际单位维生素D，并及时合理添加辅食，就能基本满足本阶段钙的需求量。

★特 别 记 录★

DATE | 日 期　　/　　/

MOOD | 心 情

来自爸爸妈妈的留言：

105 1 ~ 8 岁的孩子怎样吃才能满足钙的需求量?

1 ~ 3 岁的孩子每天若能保证 2 杯奶（1 杯 250 毫升鲜奶 +1 杯 175 毫升酸奶），必要时配合补充 600 国际单位维生素 D，并且搭配均衡丰富的饮食，就能基本满足本阶段钙的需求量。

4 ~ 8 岁的孩子每天需要保证 2 ~ 3 份奶制品（1 杯 250 毫升鲜奶 +1 杯 175 毫升酸奶，可以再加一份 40 克奶酪），加上均衡健康饮食和充足的有日照的活动，就能基本满足本阶段钙的需求量。

★特 别 记 录★

DATE | 日 期　　/　　/

MOOD | 心 情

来自爸爸妈妈的留言：

106 什么是庞贝病?

糖原贮积症Ⅱ型又称“庞贝病”，是酸性 α－葡糖苷酶缺乏或过低引起的常染色体隐性遗传疾病，是为数不多有药可治的罕见病。庞贝病宝宝因全身松软、吸奶无力、哭声较小，又被称为“妈妈肩上的孩子”。婴儿型庞贝病病情进展迅速，若无有效治疗，心力衰竭和呼吸衰竭是死亡的常见原因。儿童型庞贝病可表现为严重的活动受限和呼吸功能下降，起病越早，疾病进展越快，预后越差。

国际庞贝病日 · 4 月 15 日

★特 别 记 录★

DATE｜日 期　　/　　/

MOOD｜心 情

来自爸爸妈妈的留言：

107 几月龄开始添加辅食比较好？

过早添加辅食，会给宝宝的消化系统和免疫系统带来负担，还会增加食物过敏和罹患消化系统疾病的风险；太晚添加辅食，可能造成营养不良，影响体格生长和智能发育，错过添加辅食的窗口期更容易发生喂养困难。目前推荐宝宝满6月龄开始添加辅食。当然，每个宝宝的发育情况会有差异，添加辅食的时间也不是一刀切的。

★特 别 记 录★

DATE | 日 期　　　/　　　/

MOOD | 心 情

来自爸爸妈妈的留言：

108 血友病儿童如何健康成长?

血友病是一组遗传性凝血功能障碍的出血性疾病，患儿终身具有轻微创伤后出血倾向。每一次磕碰创伤对血友病患者都是巨大的危险，重症患者没有明显外伤也可发生“自发性”出血，他们需要终身使用凝血因子来维持生命。目前，有预防性治疗药物可以让血友病患儿像正常孩子一样健康成长。

*世界血友病日 · 4月17日

★特 别 记 录★

DATE | 日 期 / /

MOOD | 心 情

来自爸爸妈妈的留言：

109 哪些信号表明宝宝可以开始添加辅食了？

体重比出生时翻倍且至少 6 千克以上；能较为稳定地竖起头部自由转头；能在有支撑的情况下坐稳；吃奶之后意犹未尽，对成人餐桌上的食物感兴趣，并有一定“眼—手—嘴”的协调能力；开始流口水，挺舌反射逐渐消失。

★特 别 记 录★

DATE | 日 期　　/　　/

MOOD | 心 情

来自爸爸妈妈的留言：

110 添加辅食后就要给宝宝改喂配方奶粉吗？

添加辅食并不是完全断了母乳，不等于要给宝宝改喂配方奶粉。辅食可以包含酸奶、奶酪，但不包含配方奶粉！只要妈妈的母乳足够保障宝宝一天的奶量需求，添加辅食之后仍然可以母乳喂养，不需要改喝或额外增加配方奶粉。

★特 别 记 录★

DATE | 日 期　　/　　/

MOOD | 心 情　　☺ ☹ ☹

来自爸爸妈妈的留言:

111 宝宝多大可以尝试酸奶、奶酪、鲜奶?

添加辅食以后，宝宝的奶量需求会逐渐减少，只要不是明确对牛奶蛋白过敏，宝宝满 8 月龄就可以尝试酸奶和奶酪，因为酸奶和奶酪中的乳糖已被分解，牛奶蛋白也被部分水解了；宝宝 1 周岁以后就可以尝试鲜奶了，配方奶粉并非必需品。

★特 别 记 录★

DATE | 日 期　　/　　/

MOOD | 心 情

来自爸爸妈妈的留言：

第一口辅食

112 宝宝的第一口辅食可以吃什么?

目前，没有任何医学证据证明根据某一特定顺序引入辅食更有优势。不过，儿保医生和营养科医生较为一致的意见是：推荐将强化铁婴儿营养米粉作为宝宝的第一口辅食。因为宝宝在 4 ~ 6 月龄时，从母体获得并储备的铁逐渐消耗殆尽，补铁已经特别迫切，且精细谷物很少会引发过敏反应。

★特 别 记 录★

DATE | 日 期 / /

MOOD | 心 情

来自爸爸妈妈的留言：

113 黄疸未退可以接种疫苗吗？

常见的生理性黄疸的主要原因是胆红素生成过多而肝脏功能尚未发育成熟，胆红素代谢受限。乙肝疫苗的主要成分是乙肝病毒的表面抗原，并非完整的乙肝病毒，不会致病也不会影响肝功能；病理性黄疸可适当延至病情平稳之后再接种疫苗。

★特 别 记 录★

DATE |日 期　　/　　/

MOOD |心 情

来自爸爸妈妈的留言：

114 湿疹影响疫苗接种吗?

如果湿疹不严重，面积小且没有红肿破溃，可以按时接种疫苗；如果湿疹很严重，面积大或出现红肿、渗水及渗血，可以考虑适当延后接种疫苗，等局部红肿破溃情况缓解之后，应尽快按原计划完成接种。

★特别记录★

DATE | 日期　　/　　/

MOOD | 心情

来自爸爸妈妈的留言：

115 鸡蛋过敏影响疫苗接种吗?

部分疫苗含有微量的鸡蛋成分（卵清蛋白），如果宝宝只是轻微的鸡蛋过敏，如口周过敏（口周暂时性的红疹）、轻微荨麻疹，则可以接种疫苗；如果宝宝发生过严重的鸡蛋过敏，如过敏性休克，要在疫苗接种前告知医护人员，做好准备，加强观察。

★特 别 记 录★

DATE | 日 期　　/　　/

MOOD | 心 情

来自爸爸妈妈的留言：

116 有热性惊厥史的孩子可以接种疫苗吗？

热性惊厥史不是疫苗接种禁忌。热性惊厥是对体温骤然升高或骤然降低有反应，并不是神经系统疾病。有热性惊厥史的孩子完全可以按照原计划进行预防接种。接种疫苗后，机体受到疫苗刺激，可能会出现发热反应，一般低于38℃，且在接种 24 小时内发生，只需针对发热进行必要的护理即可。

** 全国儿童预防接种日、世界防治疟疾日 · 4 月 25 日*

★特别记录★

DATE | 日期　　/　　/

MOOD | 心情

来自爸爸妈妈的留言：

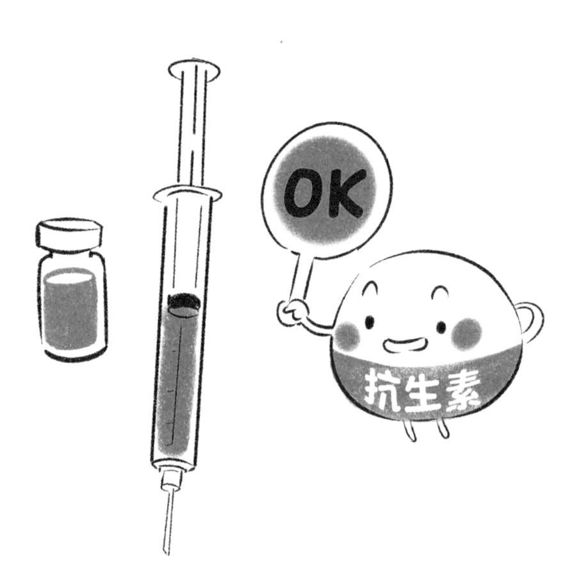

117 使用抗生素治疗影响疫苗接种吗？

不影响。所有疫苗中，除了出生时接种的卡介苗是活菌疫苗，其余都不是，所以完全不必考虑抗生素治疗对疫苗接种的影响。因严重细菌感染而服用抗生素的孩子在疾病症状缓解之后，应尽快按原计划完成接种。

*全国疟疾日 · 4月26日

★特 别 记 录★

DATE | 日 期　　/　　/

MOOD | 心 情

来自爸爸妈妈的留言：

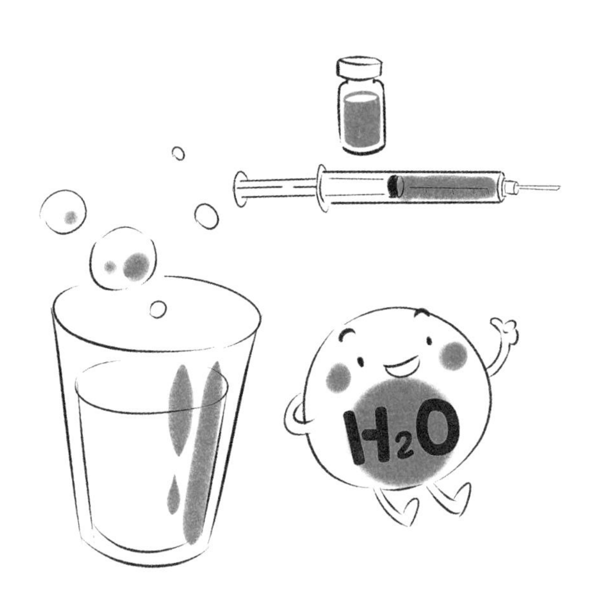

118 接种疫苗后要多喝水吗？当天能洗澡吗？

接种疫苗后，医生会叮嘱多喝水，其实是指适当增加水分摄入。对于纯母乳喂养的宝宝来说，可以通过适当增加吃母乳的频次和量来增加水分摄入。接种疫苗后，细菌、病毒并不会从针眼进入人体，只要针眼不再流血，人体感觉无恙，当天就可以洗澡了。

★特 别 记 录★

DATE | 日 期　　　/　　　/

MOOD | 心 情

来自爸爸妈妈的留言：

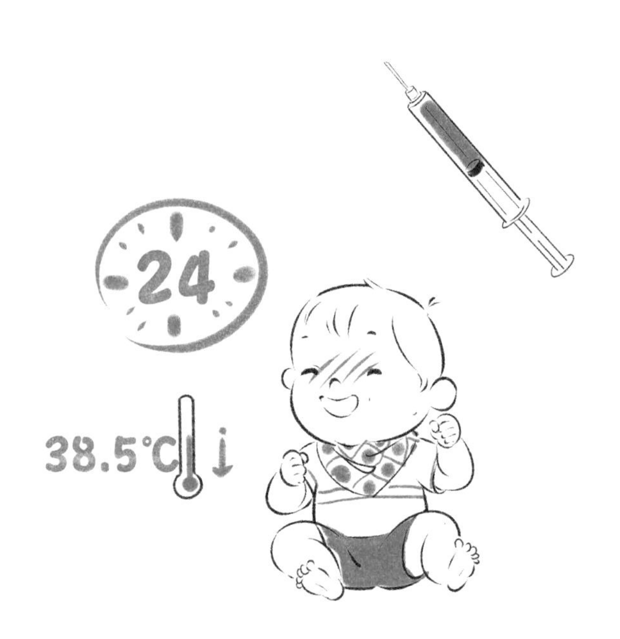

119 接种疫苗后可能会出现哪些副作用?

接种疫苗后很少出现严重的副作用，可能会出现轻度的副作用，如低热和注射部位红肿。如果出现发热，一般低于 38℃，且在接种 24 小时内发生，若孩子精神不错，增加饮水或吃奶并注意休息即可；如果注射部位红肿，可以先进行局部冷敷，若红肿较长时间不退，可以再进行局部温（热）敷。

★特别记录★

DATE | 日期 / /

MOOD | 心情

来自爸爸妈妈的留言:

120 怎么吃更健康、更营养?

1. 粗加工粮食的营养 > 精细加工粮食的营养。婴幼儿可以选择粗细混搭。2. 完整食材的营养 > 分解食材的营养。前者能避免食材营养流失，还能锻炼孩子的咀嚼能力。3. 固体食物的营养 > 液体食物的营养。虽然流质和半流质食物易于消化和吸收，但营养密度不如固体食物。4. 烹饪方式越简单，食材营养保留得越完整。

★特 别 记 录★

DATE | 日 期 / /

MOOD | 心 情

来自爸爸妈妈的留言:

121 辅食为什么要现做现吃？

很多人把冰箱当成了“保险箱”，其实大部分家庭冰箱的分区和清洁状况都存在问题，冰箱内食物的保质期（保鲜期）也令人担忧。“现做现吃”无论从卫生还是营养角度看总是最好的。如果辅食实在做多了，可以尝试小份分装、冷冻保存，但务必尽快食用。

★特 别 记 录★

DATE | 日 期　　　/　　　/

MOOD | 心 情

来自爸爸妈妈的留言：

虾米妈咪365育儿手账

5

5

122 没长牙可以吃块状食物吗？

可以。即使宝宝的牙齿还没有完全萌出，只用牙龈也能“咀嚼”得很好。添加辅食以后，宝宝的牙龈已经足够坚硬，可以碾碎一些食物了，而且咀嚼也是需要慢慢学习锻炼的。引入辅食可以促进消化道、消化腺发育，促进牙齿生长，并且锻炼宝宝的咀嚼和吞咽能力，这样才能顺利过渡到成人饮食阶段。

★ 特 别 记 录 ★

DATE | 日 期　　/　　/　　MOOD | 心 情

来自爸爸妈妈的留言：

123 制作宝宝辅食可以使用调味品吗？

不建议。如果通过调味品来增加宝宝的食欲，宝宝会对调味品日渐产生依赖，在口味变重的同时，钠盐摄入也会过多。这样不仅会加重肾脏负担，增加得高血压等慢性病的风险，还会影响钙、铁、锌等矿物质的吸收，并可能引起青少年期的肥胖。

★特 别 记 录★

DATE | 日 期　　/　　/　　MOOD | 心 情

来自爸爸妈妈的留言：

124 宝宝会因为食物中没加盐分而缺钠吗？

1 岁以下宝宝的辅食中不建议添加任何调味品，1 岁以上宝宝的食物中也不需要特别添加各种调味品，继续保持清淡饮食即可。宝宝不会因为食物中没加盐而缺钠，钠的来源非常广泛，大部分食物本身就含有钠，宝宝完全可以通过奶及其他食物获得每天所需的钠。

★特 别 记 录★

DATE | 日 期　　/　　/　　　MOOD | 心 情

来自爸爸妈妈的留言:

125 添加辅食时，几种食材混合吃还是一种一种单独吃？

简单来说，辅食添加早期，可以给宝宝单独吃不同的食物；过了辅食添加早期阶段后，将几种已经完全适应的食物混合起来给宝宝吃相对来说更容易做到营养均衡。当然还要看宝宝自己的喜好，因为部分宝宝对食物的执着可能表现在需要每种食物之间互相不接触，那些有分隔的餐盘就能帮到你。

★特 别 记 录★

DATE｜日 期　　/　　/　　　MOOD｜心 情

来自爸爸妈妈的留言：

126 免洗洗手液和消毒纸巾能代替勤洗手和“七步洗手法”吗？

不能。日常生活中，正确的洗手方法和良好的洗手习惯对保持健康非常重要。勤洗手并认真按照“七步洗手法”洗手，即使是只用流动的水，不用抗菌成分洗手液和肥皂也能很好地保证手部卫生。但在幼儿园、学校、医院等公共场所，依然有必要适当使用含抗菌成分的洗手产品来帮助清洁。

** 世界手卫生日 · 5月5日*

★特 别 记 录★

DATE｜日 期　　/　　/　　　MOOD｜心 情

来自爸爸妈妈的留言：

127“瓷娃娃”是什么病？

成骨不全症患者又被称为“瓷娃娃”：由于基因突变，Ⅰ型胶原蛋白数量减少或质量异常导致骨皮质变薄、骨骼变脆，患者容易出现骨折、骨畸形的情况。目前还没有治愈成骨不全症的医学方法，只能通过药物、手术、康复等方式进行干预，增加患者的骨密度，降低骨折率，改善骨畸形，提高其生活质量。

国际成骨不全症日·5月6日

★特 别 记 录★

DATE | 日 期　　/　　/　　MOOD | 心 情

来自爸爸妈妈的留言：

128 儿童哮喘可以治愈吗?

哮喘宝宝的家长不要病急乱投医。目前，医学界认为哮喘是无法根治的，重要的是做好控制治疗。平时控制治疗做得好，就能在很大程度上减少哮喘的急性发作次数，甚至不再发作。

** 世界哮喘日 · 每年 5 月的第一个星期二*

★特 别 记 录★

DATE｜日 期　　/　　/　　MOOD｜心 情 ☺ ☹ ☹

来自爸爸妈妈的留言：

129 消毒剂会诱发哮喘的急性发作吗？

可能会。做环境清洁时尽量少用或不用消毒剂；如果必须使用，请选择引起哮喘发作可能性较小的消毒剂，如3%以下的过氧化氢或乙醇，避免使用过氧乙酸及带芳香气味的产品，减少使用次氯酸钠或季铵盐化合物；勿将不同消毒剂混合使用；勿将消毒剂直接喷洒在物体表面（可倾倒在抹布或纸巾上再擦拭）；使用消毒剂期间，让哮喘患者尽量远离消杀场所，确保空气流通。

★特 别 记 录★

DATE | 日 期　　/　　/　　MOOD | 心 情

来自爸爸妈妈的留言：

130 如何区分咳嗽和咳嗽变异性哮喘？

咳嗽变异性哮喘，是学龄前和学龄期儿童慢性咳嗽的常见原因之一，是哮喘的一个子类型，其主要症状或唯一症状就是持续咳嗽，患儿可能根本不会发生喘息。与呼吸道感染引起的咳嗽不同，咳嗽变异性哮喘的咳嗽位置很浅，通常是深吸一口气，然后发出一声咳嗽。

★特 别 记 录★

DATE | 日 期　　/　　/　　MOOD | 心 情

来自爸爸妈妈的留言:

131 阵发性剧烈呛咳是怎么回事？

出现阵发性剧烈呛咳要警惕气道异物。气道异物是学龄前儿童慢性咳嗽的重要原因，70% 的气道异物吸入患者表现为咳嗽，同时可能伴有呼吸音降低、喘息、窒息史等。咳嗽表现为阵发性剧烈呛咳，也可表现为慢性咳嗽伴阻塞性肺气肿或肺不张。异物一旦进入小支气管以下部位，可表现为无咳嗽（进入“沉默区”）。

★特 别 记 录★

DATE | 日 期　　/　　/　　MOOD | 心 情

来自爸爸妈妈的留言：

132 孩子每天需要摄入多少膳食纤维？

根据美国健康基金会建议，2 岁以上的孩子每天膳食纤维的推荐摄入量是（年龄 +5）克，但 1 岁以下的孩子还没有确定的推荐摄入量。目前，普遍建议 6 ~ 12 月龄的婴儿在辅食添加阶段逐渐添加蔬果和全谷物等，到 1 岁时，孩子的膳食纤维摄入量能够到达 5 克 / 天，约等于一个半中等大小的水果所含的膳食纤维。

世界防治肥胖日 · 5 月 11 日

★特 别 记 录★

DATE | 日 期 / / MOOD | 心 情

来自爸爸妈妈的留言：

133 新妈妈“产后消沉”是普遍现象吗？

大约 70% 的新妈妈分娩后会感到莫名紧张、焦虑、易怒，甚至会讨厌自己的宝宝。区别于“产后抑郁症”，“产后消沉”来得快去得也快，只有少部分新妈妈会在几周后逐渐恶化。因此，新妈妈产后要注意：保证足够休息、丰富饮食和适度锻炼；请家人帮忙照顾宝宝、处理家务，给自己一些时间和空间；多与有经验的妈妈交流，找信赖的人倾诉；如果忧虑过于严重，勇敢地向家人、朋友或医生求助。

** 母亲节 · 每年 5 月的第二个星期日*

★特 别 记 录★

DATE | 日 期　　/　　/　　MOOD | 心 情

来自爸爸妈妈的留言：

134 怎么诊断并纠正缺铁性贫血?

诊断缺铁性贫血，初筛看血常规，确诊靠血清铁的相关检查。缺铁性贫血的血常规表现为小细胞低色素，即血红蛋白（HGB）低，平均红细胞体积（MCV）小，平均红细胞血红蛋白浓度（MCHC）低。MCV/RBC（RBC 为红细胞）大于 13，患缺铁性贫血的可能性大；MCV/RBC 小于或等于 13，患地中海贫血的可能性大。若 HGB 在 95 ~ 120 克 / 升 之间，MCV>70 飞升，可通过食物补铁然后复查，不必立即着手通过药物补铁。感染疾病期间，HGB 通常会有所降低，如果怀疑贫血可考虑在疾病痊愈后复查。

★特 别 记 录★

DATE｜日 期　　/　　/　　MOOD｜心 情

来自爸爸妈妈的留言：

135 补铁首选菠菜、干红枣吗？

菠菜、干红枣不是补铁首选。干红枣中铁的含量约为 2.3 毫克 /100 克，铁的吸收率 < 5%；菠菜中铁的含量约为 2.9 毫克 /100 克，但菠菜含有大量草酸，焯水后草酸含量仍然较高，会干扰非血红素铁的吸收，所以实际铁的吸收率只有 1.3%。一般说来，人体对植物性食物中铁的吸收率大都偏低，依靠吃植物性食物补铁无法满足身体发育需求。

★特 别 记 录★

DATE | 日 期　　/　　/　　　MOOD | 心 情

来自爸爸妈妈的留言：

136 预防碘缺乏病还是要吃碘盐吗？

是的。碘是人体必需元素，体内不能生成，需要从外环境获取。碘缺乏病是由于外环境缺碘，造成人体碘摄入不足而发生的一系列疾病的总称。其中，碘缺乏造成的儿童智力发育迟滞是不可逆的。中国大部分地区外环境（水和土壤等）几乎都缺碘，碘盐依然是预防碘缺乏病的重要手段。碘含量丰富的食物有裙带菜、紫菜、海带、干贝、虾皮等。停止补碘，人体内储存的碘最多维持 3 个月。

** 防治碘缺乏病日、国际黏多糖关爱日 · 5 月 15 日*

★特 别 记 录★

DATE | 日 期 　/ 　/ 　MOOD | 心 情

来自爸爸妈妈的留言:

137 铁含量丰富的食物有哪些?

铁在食物中以非血红素铁（三价铁）和血红素铁（二价铁）的形式存在。评价某食物是不是补充某营养素的好食物，不仅要考虑这种食物中某营养素的含量，还要考虑这种食物中某营养素的吸收率。血红素铁不受其他膳食因素的影响，吸收率较高；非血红素铁易受其他膳食因素（如谷物、蔬菜中的植酸、草酸，茶叶、咖啡中的多酚物质）的影响，吸收率较低。血红素铁只存在于动物肝脏、动物全血、禽畜肉类等食物中。维生素 C 能促进铁的吸收。

★特 别 记 录★

DATE | 日 期　　/　　/　　　MOOD | 心 情

来自爸爸妈妈的留言：

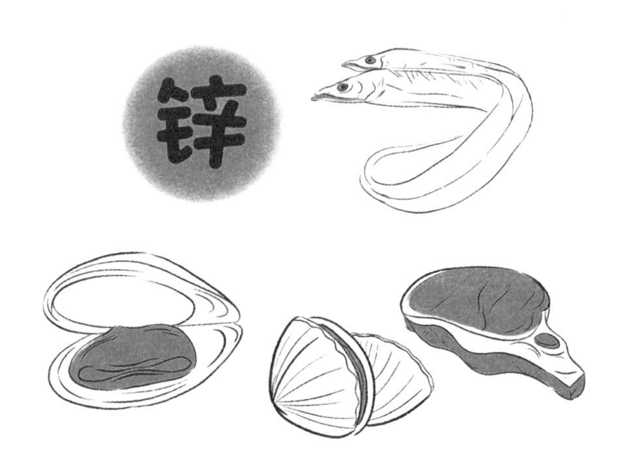

138 锌含量丰富的食物有哪些？

动物性食物的锌含量较高，且动物性蛋白质分解之后产生的氨基酸还能促进锌的吸收，而植物性食物的锌含量略低。其中，海产品、红色肉类、动物内脏的锌含量高。干果类、粗粮中虽然也含有相对较高的锌，但生物利用率较低。值得一提的是，机体缺锌会影响铁的吸收，发现缺锌的同时需要注意可能伴有缺铁，动物肝脏和红色肉类是既补锌又补铁的食物。

★特 别 记 录★

DATE | 日 期　　/　　/　　MOOD | 心 情

来自爸爸妈妈的留言：

139 钙、铁、锌剂可以同补吗?

不支持钙、铁、锌剂同补，理由是：互相竞争，抑制吸收，肠道吸收利用率下降，无法评估真实的吸收利用情况，对胃肠道有刺激。如果孩子确实缺钙、缺铁又缺锌，需要额外补充钙、铁、锌剂的话，要分开服用，可以早餐后服锌剂，午餐后服铁剂，晚餐后服钙剂（不与奶和植物性食物同服），且补钙的同时还要补维生素 D。

★特 别 记 录★

DATE | 日 期　　/　　/　　MOOD | 心 情

来自爸爸妈妈的留言：

140 通过食物摄取 DHA，还是额外补充 DHA？

建议通过食物摄取 DHA，母乳和海产品是孩子摄入 DHA 的主要来源。DHA 全称二十二碳六烯酸，是一种人体必需的多不饱和脂肪酸，具有增强大脑功能的作用。除富含 DHA 的母乳外，辅食添加后的孩子还可以通过每周吃两三次海藻、深海鱼类等食物摄取足够的 DHA。但需要注意的是，没有证据表明额外补充 DHA 会让孩子变聪明，过量摄入 DHA 可能会导致其在体内氧化为自由基，反而对健康不利。

★特 别 记 录★

DATE | 日 期　　/　　/　　MOOD | 心 情

来自爸爸妈妈的留言：

141 过早引入安抚奶嘴会影响母乳喂养吗？

会。安抚奶嘴可以安抚宝宝情绪，满足吮吸需求，甚至预防婴儿猝死，但也会干扰母乳喂养，影响夜间睡眠，影响牙齿发育，增加罹患中耳炎的风险，还可能使宝宝过于依赖而难以戒掉。如果婴儿吮吸需求较高，确实需要引入安抚奶嘴，务必在母乳亲喂 4 ~ 6 周后，已经建立起稳定的母乳喂养习惯后再考虑引入，这样可避免过早使用安抚奶嘴可能导致的乳头混淆。如果宝宝 6 月龄以上，则基本不用考虑引入安抚奶嘴。

** 全国母乳喂养宣传日、中国学生营养日 · 5 月 20 日*

★特 别 记 录★

DATE | 日 期　　/　　/　　MOOD | 心 情

来自爸爸妈妈的留言：

142 脊柱侧弯是怎么回事？

脊柱侧弯指脊柱向一侧弯曲，呈“C”形或“S”形畸形。它多发生在胸段或腰段，轻者影响形体美观、生活学习，重者导致胸廓变形、影响呼吸。儿童青少年脊柱侧弯可出现在学龄期到青春期，逐渐发病，侧弯程度或轻或重，早期多无明显症状，发现时常见症状是双肩不等高和骨盆倾斜畸形，后期可出现疼痛等不适。因此，平时要养成良好的坐姿习惯，一旦发现脊柱问题及时就医。

世界脊柱健康日 · 5月21日

★特 别 记 录★

DATE | 日 期　　/　　/　　MOOD | 心 情

来自爸爸妈妈的留言：

143 接种手足口病疫苗还能预防疱疹性咽峡炎吗？

引起手足口病的病毒多达 20 多种，其中以肠道病毒 71 型（EV71）和柯萨奇病毒 A16 型（CA16）最为常见，且重症手足口病和相关死亡主要由 EV71 感染所致。除手足口病外，EV71 还可引起疱疹性咽峡炎、肠胃炎和肺炎等多种疾病。因此，接种 EV71 疫苗虽无法预防所有的手足口病和疱疹性咽峡炎，但能预防 EV71 感染引起的重症手足口病和疱疹性咽峡炎。

★特 别 记 录★

DATE | 日 期 / / MOOD | 心 情

来自爸爸妈妈的留言：

144 疱疹性咽峡炎和手足口病患儿饮食应注意什么？

疾病期间，应给予容易消化的营养的食物，可以增加一些富含维生素 B_2 和维生素 C 的新鲜蔬果；口腔水疱破溃成小溃疡期间，可以以温凉（指温度）的流质饮食为主；病愈后，再及时补充一些富含蛋白质和维生素的食物。

★特 别 记 录★

DATE | 日 期　　/　　/　　MOOD | 心 情

来自爸爸妈妈的留言：

145 指（趾）甲断裂脱落是怎么回事？

指（趾）甲及其周边发生感染会影响指（趾）甲正常生长，出现指（趾）甲断裂脱落的现象，在儿童期该现象可见于川崎病、手足口病、疱疹性咽峡炎等疾病后。以柯萨奇病毒 A6 亚型感染引起的手足口病为例，孩子常在痊愈 1 至数周后出现手掌脱皮、指（趾）甲断裂脱落现象，不过 1 ~ 4 个月内会重新长出健康指（趾）甲，其间不需要补充微量元素。注意不要让孩子抠咬指（趾）甲，以免继发感染。

★特 别 记 录★

DATE | 日 期 / / MOOD | 心 情

来自爸爸妈妈的留言：

146 疱疹性龈口炎和疱疹性咽峡炎有哪些区别?

疱疹性龈口炎和疱疹性咽峡炎都是儿童常见的感染性疾病，前者是单纯疱疹病毒感染，四季发病；后者是肠道病毒感染，多发于夏秋季。根据疱疹溃疡发生的部位是否累及牙龈作以区分：前者长在口腔黏膜任何部位，邻近乳磨牙的上腭和龈缘处多见；后者集中长在咽峡部，牙龈没有明显症状。护理治疗上，凉爽的流质饮食可让孩子舒服些，若疼得厉害可吃布洛芬止疼。疱疹性龈口炎有自限性但易复发，分原发性和继发性，复发感染部位在口唇或接近口唇处，又称为唇疱疹。

*全国护肤日 · 5月25日

★特 别 记 录★

DATE｜日 期　　/　　/　　MOOD｜心 情

来自爸爸妈妈的留言：

147 患有严重湿疹或皮肤干燥的宝宝可以用炉甘石洗剂止痒吗？

炉甘石洗剂主要由炉甘石和氧化锌组成，是一种安全的外用药物，具有止痒、消炎、收敛、保护等作用，世界卫生组织将其列入儿童基本用药目录。炉甘石洗剂常用于蚊虫叮咬、荨麻疹、热痱等引起的瘙痒，使用前需要摇匀再涂抹患处，但严重湿疹或皮肤干燥、破溃、渗出、糜烂等情况下不建议使用。

★特 别 记 录★

DATE | 日 期　　/　　/　　MOOD | 心 情

来自爸爸妈妈的留言：

148 宝宝有必要接种轮状病毒疫苗吗？

轮状病毒是引起婴幼儿腹泻的主要病原体之一。轮状病毒感染夏秋高发，传染性极强，人群普遍易感，感染后主要表现为急性胃肠炎，以腹泻、发热为主要症状，可伴有呕吐。婴幼儿剧烈腹泻可能迅速发生脱水、电解质紊乱，会危及生命。因此，3 岁以下的宝宝非常有必要接种轮状病毒疫苗。其中，多价轮状病毒疫苗有严格的接种时间限制，若错过就只能每年接种 1 剂单价轮状病毒疫苗（3 岁后不必补种）。

★特 别 记 录★

DATE | 日 期　　/　　/　　　MOOD | 心 情

来自爸爸妈妈的留言：

149 夏季要给宝宝剃光头吗？

当环境温度高于皮肤温度时，人体非但不能散热，还会从环境中吸收热量。如果没有头发保护，阳光就会直晒头部，皮肤排出的汗水迅速流失，吸收的热量大大增加，容易发生晒伤、中暑。此外，光头更招蚊子咬。因此，即使夏天也不要剃光头，还是建议给宝宝留短发保护头部。

全国爱发日 · 5月28日

★特 别 记 录★

DATE | 日 期　　/　　/　　　MOOD | 心 情

来自爸爸妈妈的留言：

150 益生菌制剂是万能药吗？

不是。需要额外使用益生菌的情况主要有两种：一种是长期使用抗生素的人，因为抗生素杀死致病菌的同时也杀死了人体有益菌群，所以需要通过额外补充重新快速建立人体微生态屏障；一种是严重（长期）腹泻的人，因为腹泻会导致肠道内的益生菌大量丢失，所以需要通过额外补充重新快速建立肠道菌群平衡。另外，益生菌可能对普通人群显现较多益处，但对免疫功能低下的人群有引发感染的风险。

** 世界肠道健康日、全国爱足日 · 5 月 29 日*

★特 别 记 录★

DATE | 日 期　　/　　/　　MOOD | 心 情

来自爸爸妈妈的留言：

151 补充益生菌要考虑哪些问题？

人体自身可以制造益生菌，有自行调节菌群平衡的能力。便秘、腹泻都可能是肠道菌群失衡引起的，但要扶持的菌群各不相同，所以如果需要额外补充应针对相应菌株。此外，益生菌菌株在到达适合它们生存的结肠之前，先后需要经历胃（酸性环境）和小肠（碱性环境）的消化液和消化酶的考验，所以还要关注菌株的活性和数量。

★特 别 记 录★

DATE | 日 期　　/　　/　　MOOD | 心 情

来自爸爸妈妈的留言:

152 二手烟会增加宝宝的过敏风险吗?

会。宝宝长期处于二手烟环境，将会严重损害呼吸道健康，增加哮喘、呼吸道过敏、呼吸道感染和婴儿猝死综合征的发生率，且疾病康复所需的时间也会大大延长。美国过敏、哮喘和免疫学会认为，早期接触二手烟的婴儿发生食物过敏的风险也更高。

*世界无烟日 · 5月31日

★特 别 记 录★

DATE|日 期　　/　　/　　MOOD|心 情

来自爸爸妈妈的留言：

虾米妈咪365育儿手账
6

6

153 哪些食物补钙效果好？

奶和奶制品是补钙的最佳食品，不仅钙含量高还容易吸收；豆制品、水产品、肉类、蛋类也是补钙的不错食品；蔬果类和谷物类补钙效果甚微，因为它们不仅钙含量不高，而且含有较多的植酸和草酸，会影响钙的吸收。

国际儿童节、世界牛奶日 · 6月1日

★特 别 记 录★

DATE | 日 期　　/　　/

MOOD | 心 情

来自爸爸妈妈的留言：

154 豆奶能代替牛奶吗?

不能。豆奶富含优质植物蛋白、维生素和矿物质，但缺乏维生素 B_{12}，且钙的吸收率较低，还容易引起胀气。此外，约 10% 对牛奶蛋白过敏的宝宝同时也对大豆蛋白过敏。如果孩子实在不愿或不能喝牛奶（如牛奶蛋白过敏或乳糖不耐受），用豆奶部分代替牛奶也无不可，但不建议大量饮用。

★特 别 记 录★

DATE | 日 期　　/　　/

MOOD | 心 情

来自爸爸妈妈的留言：

155 宝宝1岁后可以喝普通牛奶或鲜奶吗？

宝宝1岁后，消化系统相对成熟些了，除非对牛奶蛋白过敏或有严重的乳糖不耐受，大部分都可以开始尝试喝普通牛奶或鲜奶了。另外，生牛乳是指没有经过任何灭菌处理的原生牛奶，是一种原料奶，不可以直接饮用，必须经过加热、灭菌后才能饮用。

★特 别 记 录★

DATE | 日 期　　/　　/

MOOD | 心 情

来自爸爸妈妈的留言:

156 如何挑选牛奶、酸奶、奶酪?

选择牛奶、酸奶、奶酪要看配料表。牛奶要选配料表上只有“生牛乳”而没有其余成分的，酸奶要选配料表上只有“生牛乳+菌种”而没有其余成分的。此外，可优选标有“巴氏”“活菌”以及蛋白质含量高的奶制品。选购奶酪时应查看营养标签上的钠含量和钙含量，用成分表中的钙含量除以钠含量得出“钙钠比值”，比值越高说明摄入等量钠的同时摄入了更多的钙。

★特 别 记 录★

DATE | 日 期　　/　　/

MOOD | 心 情

来自爸爸妈妈的留言:

157 如何为孩子创造相对安全的环境？

蹲下来，试着站在孩子的高度审视我们的环境，想象孩子屡屡尝试且不太熟练的动作，就可以发现我们周围潜在的安全隐患；静下来，试着换到孩子的角度考虑他们的需求，想象自己与宝宝一般大时内心的渴望，就可以理解他们偶尔犯错的真实原因。

世界环境日 · 6月5日

★特 别 记 录★

DATE | 日 期　　　/　　　/

MOOD | 心 情

来自爸爸妈妈的留言：

158 维生素A对眼睛健康有哪些作用?

维生素A通过参与视紫红质的合成来维持眼睛正常的暗视觉能力。维生素A缺乏可能导致暗适应能力下降，严重的会发生夜盲症。维生素A缺乏还可能引起角膜干燥、软化、溃疡等问题，甚至可能导致失明。因此，日常应保证维生素A的摄入。富含维生素A的食物有动物肝脏、蛋黄、全脂奶类等。此外，胡萝卜素（主要存在于深绿色、深黄色的蔬菜水果中）也可以在人体内转化成维生素A。

全国爱眼日·6月6日

★特 别 记 录★

DATE | 日 期　　　/　　　/

MOOD | 心 情

来自爸爸妈妈的留言：

159 端午节，宝宝应避免哪些习俗？

农历五月初五为端午节。注意，不要用雄黄酒为宝宝擦身体，因为雄黄含有毒重金属元素砷和汞，外用会对皮肤造成刺激，给宝宝大面积外用还要当心被误食。此外，糖尿病患者、老人和儿童应尽量不吃或少吃糯米粽子。宝宝若是对艾草过敏，就别插艾草或戴艾草香包了。

★特 别 记 录★

DATE | 日 期　　/　　/

MOOD | 心 情

来自爸爸妈妈的留言:

160 牛奶蛋白过敏的宝宝可以改喝羊奶粉吗？

如果宝宝对牛奶蛋白过敏，即使换成羊奶粉也很难解决过敏问题，因为羊奶和牛奶中蛋白质的相似度高达 90% 以上，对牛奶蛋白过敏的宝宝也大都对羊奶蛋白过敏。还有约 10% 牛奶蛋白过敏的宝宝同时也对大豆蛋白过敏。对婴儿来说，母乳才是最不容易引起过敏的食物。

★特 别 记 录★

DATE |日 期　　/　　/

MOOD |心 情

来自爸爸妈妈的留言:

161 该用 40℃还是 70℃的水温冲调奶粉?

配方奶粉并非绝对无菌，可能含有导致严重疾病的细菌，如阪崎肠杆菌。对于早产儿、低出生体重儿、小于 2 月龄婴儿、免疫功能受损婴儿来说，阪崎肠杆菌的感染风险最大。因此，针对这些婴儿或处于灾后环境条件下的婴儿，要将煮沸的开水冷却至不低于 70℃，并倒入干净、消毒过的带有盖子的容器中冲调奶粉。其他大多数情况下，可按配方奶粉外包装上的建议，将煮沸的开水冷却到 40℃后冲调奶粉。

★特 别 记 录★

DATE | 日 期　　　/　　　/

MOOD | 心 情

来自爸爸妈妈的留言:

162 孩子夏季玩水玩沙后，手上长米粒大小的疹子怎么办？

孩子夏季玩水玩沙后，手背手臂上长的米粒大小的疹子很可能是沙土性皮炎。沙土性皮炎以皮肤暴露较多的春夏秋季多发，常见于手背、前臂、指节、肘膝关节等易受摩擦部位。疹子有时会有轻度瘙痒，但不会传染。如没有明显瘙痒，避免刺激，做好防晒，减少摩擦，耐心等待自愈即可；如希望加快好转，可外涂保湿润肤霜（如白凡士林）；如有明显瘙痒，可外涂弱效糖皮质激素软膏（如地奈德乳膏）。

★ 特 别 记 录 ★

DATE | 日 期　　/　　/

MOOD | 心 情

来自爸爸妈妈的留言：

163 儿童防晒产品应该如何选、怎么用?

儿童优先选择物理防晒产品，即成分表中只含物理防晒成分（氧化锌、二氧化钛）的乳剂和霜剂，一般不选喷雾剂（通常是化学防晒，更易引起过敏），户外游玩时选SPF30、PA+++ 的产品。驱蚊液可以和防晒产品一起用，但不要用二合一的产品，且务必先涂防晒产品后喷驱蚊液。涂抹前先擦干皮肤，用足够的防晒乳（霜）覆盖所有暴露的区域，特别是面部、鼻子、耳朵、脚、手、膝盖。在户外每隔 2 小时涂抹一次，游泳和大量出汗后也要重新涂抹。回室内后，用清水或婴儿沐浴露彻底清洗掉皮肤上的防晒产品。

★特 别 记 录★

DATE | 日 期　　/　　/

MOOD | 心 情

来自爸爸妈妈的留言:

164 宝宝夏季外出如何做好防晒？

尽量避免在上午10点到下午4点这段时间带宝宝外出；尽量选择在阴凉处活动；每次户外活动时间不超过45分钟；外出时给宝宝穿上质地轻薄、宽松透气的长袖长裤，戴宽大的遮阳帽（或撑遮阳伞）和太阳镜；涂抹适合宝宝的物理防晒产品。即使多云或阴天，也要注意防晒。

★特 别 记 录★

DATE｜日 期　　/　　/

MOOD｜心 情

来自爸爸妈妈的留言：

165 你了解白化病吗？

白化病是常染色体隐性遗传病，双亲均携致病基因，本身不发病，同时将携带的致病基因传给子女，子女就会患病。白化病患儿全身皮肤呈乳白色或粉红色，毛发呈白色或淡黄色，日晒后易发生晒斑和光感性皮炎。白化病患儿视网膜无色素，虹膜和瞳孔呈淡粉色，眼睛怕见强光，其他眼部异常还包括眼球震颤、视力低下、斜视等。目前除对症治疗外，尚无其他有效的治疗方法。

国际白化病宣传日 · 6月13日

★特 别 记 录★

DATE | 日 期　　/　　/

MOOD | 心 情

来自爸爸妈妈的留言：

166 孩子晒红了怎样处理？

立即将孩子转移到阴凉处，擦掉汗水、灰尘，用全棉毛巾吸满清水，在晒红部位湿敷半小时，补充皮肤表面流失的水分，安抚晒伤的皮肤。同时，给孩子充分饮水，然后用温水洗澡。在晒伤 24 小时后，可以抹一层薄薄的婴儿润肤露来保湿。

★特 别 记 录★

DATE | 日 期　　/　　/

MOOD | 心 情

来自爸爸妈妈的留言：

167 孩子晒伤了怎样处理？

如晒伤部位红斑颜色加深，伴有水肿、水疱、疼痛严重，或晒伤面积较大，或伴有畏寒、发热、头痛、乏力、恶心、呕吐等全身症状，应在湿敷和充分饮水之后立即送医院就诊。如果晒伤部位在腿部，且腿部出现水肿，湿敷的同时要将腿抬到高于心脏的位置。

★特 别 记 录★

DATE | 日 期　　/　　/

MOOD | 心 情

来自爸爸妈妈的留言:

168 来自爸爸的肯定很重要吗?

母亲在孩子的婴幼儿期特别重要，父亲在孩子的儿童期特别重要。儿童会渴望成为像父亲那样的人，父亲是男孩成长路上最重要的榜样，父亲独特的爱奠定了女孩看待异性的基础。儿时如若没有得到父亲的赞美和肯定，长大了可能会存在一定的自卑和焦虑。来自父亲最有效的肯定是“很高兴你是爸爸的儿子（女儿）”。

** 父亲节 · 每年 6 月的第三个星期日*

★特 别 记 录★

DATE | 日 期　　/　　/

MOOD | 心 情

来自爸爸妈妈的留言:

169 婴幼儿防蚊应注意什么？

纱窗纱门、蚊帐、长袖长裤等物理防蚊最安全有效。2 月龄以下的婴儿不能使用驱蚊液，2 月龄以上的婴儿可选避蚊胺（DEET）驱蚊，6 月龄以上的婴儿可选派卡瑞丁（Picaridin）驱蚊。柠檬草、驱蚊草、香茅草、丁香、薄荷等天然植物及其精油，驱避昆虫的作用有限且容易引起呼吸道疾病，不推荐使用。外出前可将驱蚊液喷在皮肤上，但要避开面部和手部，回家后记得及时洗掉。

★特 别 记 录★

DATE | 日 期　　/　　/

MOOD | 心 情

来自爸爸妈妈的留言:

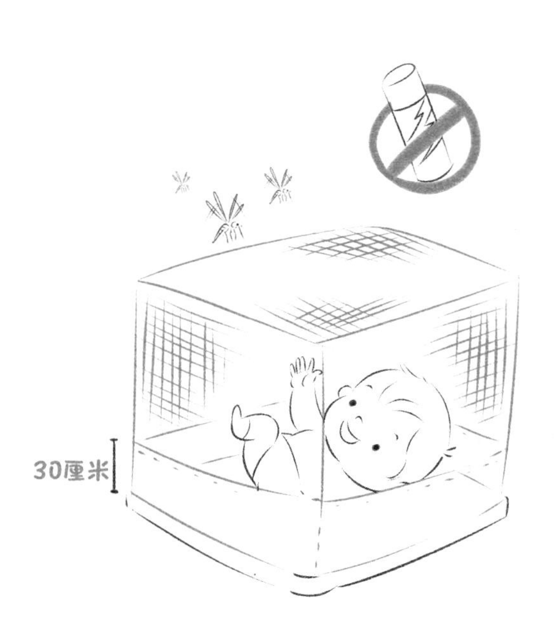

170 宝宝在家时怎样防蚊虫?

安装纱窗纱门，将蚊虫拒之门外；清理积水之处，让蚊虫无处滋生；在保证通风的情况下可以使用蚊香，但不建议喷洒杀虫剂；可在蚊帐下沿缝上一圈高度约 30 厘米的棉布，以免宝宝挨着蚊帐时被帐外的蚊虫咬到。

★特 别 记 录★

DATE | 日 期　　/　　/

MOOD | 心 情

来自爸爸妈妈的留言：

171 宝宝外出时怎样防蚊虫?

尽量避免在黎明或黄昏等蚊虫活跃的时段外出；避免去草地、洼地等蚊虫较多的地方；将婴儿车装上蚊帐，最好给宝宝穿长袖长裤；涂驱蚊液（2 月龄以上）要避开面部和手部。可以随身带把扇子，既能扇风又能驱赶蚊虫。

★特 别 记 录★

DATE | 日 期　　　/　　　/

MOOD | 心 情

来自爸爸妈妈的留言：

172 孩子被蚊虫叮咬了怎么办?

被蚊虫叮咬后，立即用苏打水或碱性肥皂水清洗局部，可预防起包；持续冷敷可以消肿止痒；炉甘石洗剂也有一定的止痒效果。不要给小宝宝用清凉油和风油精，因为它们对皮肤的刺激较大。平时要给宝宝勤剪指甲，避免抓挠后感染。

★特 别 记 录★

DATE | 日 期　　/　　/

MOOD | 心 情

来自爸爸妈妈的留言:

173 如何预防和护理间擦疹？

宝宝皮肤褶皱处经常一大片红，可能是间擦疹，是由捂热、汗液刺激、局部皮肤摩擦引起的，容易继发细菌或白念珠菌感染，导致反复不愈。预防办法就是保持凉爽及皮肤清洁干燥，减少皮肤摩擦刺激。如果皮肤轻微发红，可降温减少出汗，及时清洁皮肤，让患处暴露在空气中，保持干燥，可用炉甘石洗剂涂抹患处；如果出现渗液、糜烂，改用氧化锌软膏涂抹患处；若 3 天后未有好转及时就医。

★特 别 记 录★

DATE | 日 期　　/　　/

MOOD | 心 情

来自爸爸妈妈的留言：

174 痱子粉或爽身粉可以防治痱子吗？

不推荐使用痱子粉或爽身粉预防痱子，也不推荐使用粉剂来保持皮肤干燥。粉剂遇到汗液后会贴在皮肤上，不但起不到润滑作用，反而会堵塞毛孔，损伤皮肤，甚至加速出疹部位的皮肤糜烂。有的宝宝可能对爽身粉中的某些成分过敏。最好的护肤和预防痱子的办法是：勤洗澡，勤换衣，控制好室内温度、湿度，保持皮肤表面清洁干爽。

★特 别 记 录★

DATE | 日 期　　　/　　　/

MOOD | 心 情

来自爸爸妈妈的留言:

175 宝宝长了痱子怎么办?

如果已经出痱子，就要赶紧降低室内温度，给宝宝洗澡、换衣。痱子一般不需要特别的治疗处理，如果局部瘙痒，可以冷敷或外涂炉甘石洗剂止痒；如果痒感比较严重，可以遵医嘱口服西替利嗪滴剂或氯雷他定糖浆等抗组胺药物；如果局部破溃或合并感染，请及时就医。

★特 别 记 录★

DATE | 日 期　　/　　/

MOOD | 心 情

来自爸爸妈妈的留言：

176 你了解那些与感染性疾病相关的皮疹吗？

无明显咳嗽、流涕等类感冒症状，发热 3 ~ 5 天后热退疹出，可能是幼儿急疹。

有类感冒早期症状，口腔颊黏膜处可见麻疹黏膜斑，发热 3 ~ 4 天后疹出热盛，疹退留色素沉着伴糠麸样脱屑，可能是麻疹。

有类感冒早期症状，耳后、枕后、颈部淋巴结肿大，发热 1 ~ 2 天后出现皮疹，从面部到躯干 1 天出齐 3 天消退，疹退不留色素沉着无脱屑，可能是风疹。

有类感冒早期症状，当天或第 2 天出现皮疹，典型的皮疹主要散发在手心、足心、口腔黏膜、肛周，可能是手足口病。

皮疹与发热几乎同时发生，斑丘疹、水疱疹、痂疹不同形态可同时存在，可能是水痘。

高热 1 ~ 2 天后出疹，全身弥漫性点状充血性红疹，咽峡炎，杨梅舌，疹退不留色素沉着有糠麸样脱屑，可能是猩红热。

高热 3 ~ 5 天后出疹，双眼结膜充血，口唇干红皲裂，口咽黏膜充血，杨梅舌，可能有颈部淋巴结肿大，急性期手掌足底红斑、手背足背硬性水肿，恢复期指（趾）端膜状脱皮，可能是川崎病。

以上情况请就医诊断。

★特 别 记 录★

DATE | 日 期　　/　　/

MOOD | 心 情

来自爸爸妈妈的留言：

177 孩子会患两次幼儿急疹吗？

幼儿急疹不具有明显的传染性和流行性，四季均可发病，“热退疹出”是主要特点，患病后可终身免疫。幼儿急疹大部分由人类疱疹病毒 6 型（HHV-6B 亚型）引起，少部分由人类疱疹病毒 7 型（HHV-7）引起，后者发病相对较晚、皮疹相对较轻。因为两型之间不存在交叉免疫，所以有的孩子确实会患两次幼儿急疹。除了必要时针对发热用药外，不需要抗病毒治疗。疹子不痒，会自然消退，不必做任何处理。

★特 别 记 录★

DATE | 日 期　　/　　/

MOOD | 心 情

来自爸爸妈妈的留言：

178 猩红热是一种什么样的疾病？

猩红热是由化脓性链球菌感染引起的以红色砂纸样皮疹为特点的乙类传染病，好发于 3 ～ 15 岁儿童，以呼吸道飞沫传播为主，也可通过皮肤伤口或产道等处传播，传染性较强，冬春季较为多见。猩红热是细菌感染性疾病，除了对症治疗外，还需要足程足量的抗生素治疗。患儿至少在使用抗生素治疗 24 小时后，且发热症状完全消失后方可恢复上学。

★特 别 记 录★

DATE | 日 期　　　/　　　/

MOOD | 心 情

来自爸爸妈妈的留言:

179 川崎病是一种什么样的疾病？

川崎病又称皮肤黏膜淋巴结综合征，好发于 5 岁以下幼童，是一种急性全身免疫性血管炎，可能与“感染等因素作用于遗传易感儿童，引发系列免疫反应”有关。区别于感冒，川崎病持续高烧没有呼吸道症状；区别于猩红热，川崎病抗生素治疗无效。治疗时，通常大剂量静脉输入丙种球蛋白，配合口服阿司匹林。因为川崎病会引起冠状动脉损害、冠状动脉瘤，所以除了早诊断外还要定期复查，愈后至少随访 3 ~ 5 年。

★特 别 记 录★

DATE | 日 期 / /

MOOD | 心 情 ☺ ☹ ☺

来自爸爸妈妈的留言：

180 你了解苯丙酮尿症吗?

苯丙酮尿症（PKU）是一种常染色体隐性遗传病。患者由于苯丙氨酸羟化酶活性降低或丧失，导致苯丙氨酸无法正常转化为酪氨酸等正常代谢物。苯丙酮酸在体内积聚会对神经系统造成不同程度的损害。PKU 患儿出生时大多表现正常，未经治疗会在 3 ~ 4 个月后逐渐表现出智力发育落后，且随着年龄增长智力障碍越来越明显。PKU 患儿若能通过新生儿筛查早期发现，尽早开始饮食控制，还是能像正常人一样学习生活的。

** 世界 PKU 关爱日、国际癫痫关爱日 · 6 月 28 日*

★特 别 记 录★

DATE | 日 期　　/　　/

MOOD | 心 情

来自爸爸妈妈的留言:

181 你知道“亲吻病”吗?

EB 病毒是一种人类疱疹病毒，90% 以上的成年人感染过 EB 病毒，目前没有针对性的疫苗可用。EB 病毒主要通过唾液传播。亲吻、共用餐具、共用洗漱用品等都可能传播该病毒，其中以亲吻尤甚，所以 EB 病毒感染引起的疾病又被称作“亲吻病”。儿童青少年感染 EB 病毒大都是临床隐性感染，或仅表现为类似轻微感冒样症状、发热、扁桃体炎、咽峡炎等。母亲在哺乳婴儿之前要做好卫生工作，避免对婴儿进行口对口的喂养。

★特 别 记 录★

DATE | 日 期　　/　　/

MOOD | 心 情

来自爸爸妈妈的留言：

182 传染性单核细胞增多症怎么治疗？

传染性单核细胞增多症是由 EB 病毒感染引起的自限性疾病，主要表现为淋巴结肿大、脾肿大，外周血异形淋巴细胞增多，肝转氨酶轻度升高。传染性单核细胞增多症治疗时，主要针对发热护理用药即可，不常规推荐全身激素治疗，没有并发症的情况下抗病毒治疗价值不大，没有明显细菌感染证据时不使用抗生素。

★特 别 记 录★

DATE | 日 期　　　/　　　/

MOOD | 心 情

来自爸爸妈妈的留言：

虾米妈咪365育儿手账

7

7

183 婴儿戴脖圈游泳安全吗？

婴儿戴脖圈游泳没有安全性能的科学验证。婴儿戴脖圈游泳，身体重量的大部分都压在颈椎上，加上婴儿在水中运动，可能会造成颈椎损伤；脖圈过松会掩住婴儿口鼻影响呼吸，脖圈过紧会压迫气管、血管、颈动脉窦，颈动脉窦受压即刻引起血压快速下降，会引起昏厥；婴儿头重身子轻，戴着脖圈游泳很容易发生倾覆，因此发生的伤亡事故也不少。

★特 别 记 录★

DATE | 日 期　　/　　/　　　MOOD | 心 情

来自爸爸妈妈的留言：

184 孩子几岁适合学习游泳?

美国儿科学会不建议 1 岁以下的孩子参与任何游泳项目，不建议在 1 ~ 4 周岁的孩子中强制推行游泳课程。对于 4 周岁以上的孩子来说，家长需要考虑孩子的发育情况、身体状况、运动能力、接触水体的频率等因素再决定是否让孩子学习游泳。

★特 别 记 录★

DATE | 日 期　　/　　/　　MOOD | 心 情

来自爸爸妈妈的留言：

185 居家也会发生溺水吗？

会。家中有小宝宝的，要注意居家用水安全：及时将洗手盆、洗衣盆、浴缸等盛水装置中的水放掉；要告知孩子马桶中水的危险性；卫生间的门、马桶的盖子平时应该处于关闭状态；孩子洗澡用水期间，家长不能留孩子独自一人在浴盆中。

★特 别 记 录★

DATE｜日 期　　/　　/　　　MOOD｜心 情

来自爸爸妈妈的留言：

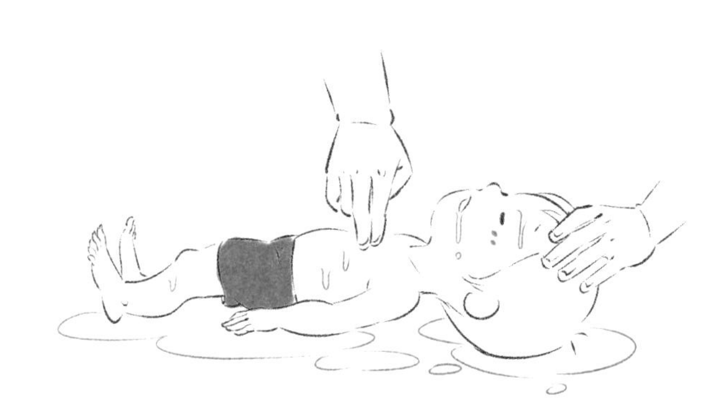

186 溺水后“倒挂控水”可取吗?

不可取。进入肺部的水不易控出，控出的大部分其实是胃内容物（包括胃内的水和食物残渣），“倒挂控水”反而会增加发生误吸的风险。如果溺水的孩子呼吸心跳已经骤停，需要马上进行心肺复苏，任何多余的举措都只会延误宝贵的救治时机。

★特 别 记 录★

DATE | 日 期　　/　　/　　MOOD | 心 情

来自爸爸妈妈的留言：

187 如何对溺水者实施急救?

1. 溺水者有反应、有呼吸：可陪伴照顾，必要时送医。

2. 溺水者无反应、有呼吸：拨打120并为溺水者清理口、鼻异物，开放气道，保持侧卧并保暖。

3. 溺水者无反应、无呼吸：拨打120并立即开始心肺复苏，先做人工呼吸2次，再做胸外按压30次，重复此步骤。

注意：心肺复苏应由掌握急救技术的人来进行!

★特 别 记 录★

DATE | 日 期　　/　　/　　MOOD | 心 情

来自爸爸妈妈的留言：

188 什么是“泳池病”？

公共泳池游泳后，若出现发热、眼睛红肿、耳朵疼痛、不停打喷嚏流鼻涕、皮肤瘙痒或出疹等情况，请及时就诊。结膜炎、中耳炎、鼻炎、皮肤病都是常见的“泳池病”。在公共泳池游泳，孩子的皮肤因长时间浸泡在水里，屏障功能会减弱。此外，池水里添加的消毒剂会对眼、鼻、皮肤造成刺激，孩子可能通过直接接触感染真菌、病毒、细菌。因此，公共泳池游泳需警惕“泳池病”。

★特 别 记 录★

DATE | 日 期 / / MOOD | 心 情

来自爸爸妈妈的留言:

189 “红眼病”能乱用眼药水吗？

不要乱用眼药水。“红眼病”通常由病毒或细菌感染引起，有时过敏、化学试剂和基础疾病也会引起红眼病。如眼睛红、痒、刺痛、畏光流泪、分泌物多，请尽快就诊。如伴频繁揉眼睛、打喷嚏，很可能是过敏性结膜炎，可采用冷敷和抗组胺滴眼液；病毒性结膜炎可采用冷敷和人工泪液来缓解；严重的细菌性结膜炎一般使用妥布霉素滴眼液或左氧氟沙星滴眼液。其中，过敏性结膜炎不具有传染性，病毒性结膜炎和细菌性结膜炎则传染性很强，可通过接触传播。

★ 特 别 记 录 ★

DATE | 日 期　　/　　/　　MOOD | 心 情

来自爸爸妈妈的留言：

190 过敏会遗传吗？

过敏常有家族史。虽然不能判断孩子会对哪种东西过敏，但通常来说，若父母双方都有过敏史，孩子发生过敏的概率高达 75%；若父母有一方有过敏史，孩子发生过敏的概率约为 35%；若父母双方都没有过敏史，孩子发生过敏的概率仅为 15%。

** 世界过敏性疾病日 · 7 月 8 日*

★特 别 记 录★

DATE | 日 期 / / MOOD | 心 情

来自爸爸妈妈的留言:

191 高温天带孩子外出如何预防中暑？

高温天应减少室外活动，如需室外活动，出门前及在室外每半小时让孩子喝一两杯白开水或果汁；不要让孩子在阳光直射下玩耍；不要让孩子在通风条件差的空间长时间玩耍；不要忽视孩子觉得太热太累的抱怨，一旦有轻度头痛、头晕、耳鸣、眼花、恶心、无力、口渴及大量出汗等症状，应立即到阴凉通风处补水休息；千万别将孩子忘在车内，车厢空间小且密闭，温度会迅速升高。孩子被留在密闭车内，发生热射病死亡率极高！

★特 别 记 录★

DATE | 日 期　　/　　/　　MOOD | 心 情

来自爸爸妈妈的留言：

192 万一发生中暑怎么办?

中暑根据严重程度分为：热痉挛、热衰竭、热射病。热痉挛的情况在孩子身上不太常见；热衰竭的症状包括大量出汗、头痛头晕、疲乏无力、面色苍白、恶心呕吐、体温升高但中心体温尚未超过 40℃、神志尚清；热射病的症状包括不能排汗、血压低、中心体温升高超过 40℃、意识混乱、行为异样。若发生上述情况，应迅速将患儿转移到阴凉通风处，脱掉厚衣物，全身喷洒凉水降温，补充凉爽的白开水、电解质饮料、稀释的鲜果汁；热射病要拨打 120 紧急送医!

★特 别 记 录★

DATE | 日 期 / / MOOD | 心 情

来自爸爸妈妈的留言：

193 中暑、脱水等情况下物理降温能救命吗？

是的。广义的物理降温，如适当降低室温、减少穿盖、保持通风等常规方法，发热时都应该做；狭义的物理降温，如酒精擦浴、冰枕等，危害比发热本身还大，任何时候都不能做。如果体温超过41℃，就要考虑是中暑、脱水等产热散热失调所致，此时药物降温通常没有效果，必须使用常温或冷水擦浴、浸泡等物理降温方法快速降低体温，并尽快送往医院，以免危及生命！

★特 别 记 录★

DATE | 日 期　　/　　/　　MOOD | 心 情

来自爸爸妈妈的留言:

194 中暑可以喝藿香正气水或白开水吗?

中暑不要用藿香正气水，也不要只喝白开水。藿香正气水中的酒精会干扰体温调节，无论外用还是内服都可能加重中暑，即使是无酒精成分，对孩子也不安全；大量补充白开水可能引起低钠血症、低钾血症。给中暑的孩子补水可以喝一些有味道的水，如口服补液盐、电解质饮料、稀释的鲜果汁等。

★特 别 记 录★

DATE | 日 期　　/　　/　　MOOD | 心 情

来自爸爸妈妈的留言：

195 稀释的果汁可以作为临时替代的电解质饮料吗？

大量出汗、腹泻、呕吐、中暑等情况下，稀释的鲜果汁可作为口服补液盐之外的临时替代的电解质饮料。但不建议给孩子日常喝果汁，因为果汁几乎浓缩了水果中所有的糖分。越来越多的证据显示，饮用果汁可能引发婴幼儿、儿童的肥胖和龋齿问题。即使在辅食添加初期也不建议给孩子喝果汁，而应该直接吃果泥。

★特 别 记 录★

DATE | 日 期　　/　　/　　MOOD | 心 情

来自爸爸妈妈的留言：

196 怎样预防误吞、误吸？

首先，一切容易被吞下或吸入的物件，都不应作为小宝宝的玩具；其次，应纠正宝宝口内含物的不良习惯；再次，发现异物被吞入口中，不可惊吓、责骂或者逗引孩子，以免引起大哭、大笑而将异物吸入呼吸道中；最后，一旦发生误吞、误吸异物，应立即就诊。

★特 别 记 录★

DATE | 日 期　　/　　/　　　MOOD | 心 情

来自爸爸妈妈的留言：

197 空调会成为室内环境的污染源吗？

每年使用空调前务必清洗滤网，使用期间也需要定期检查清洗滤网，以免污染室内空气；使用空调期间注意室内通风，尽量每 2 小时左右开窗通风一次，凉爽的清晨和傍晚最适合开窗通风。

★特 别 记 录★

DATE | 日 期 / / MOOD | 心 情

来自爸爸妈妈的留言：

198 使用空调有哪些需要注意的?

使用空调要注意合适的温度和湿度。对成人来说，室温可以控制在 26℃左右，对体弱的老人和孩子来说，室温可以控制在 28℃左右，或者可以让老人、孩子在空调房内穿薄的长袖长裤。因为冷空气是往下沉的，所以空调的出风口可以往上打，不要直吹人体。空调房内应保持适宜的室内湿度 (50% ~ 60%)。使用空调期间需补充足够的水分，小婴儿可以适当增加吃奶频次。

★特 别 记 录★

DATE | 日 期　　/　　/　　MOOD | 心 情

来自爸爸妈妈的留言：

199 哪些情况下需要额外增加饮水量？

夏季的环境温度时常超过 30℃，环境温度每上升 1℃，每千克体重所需摄入的水分要在之前基础上再增加 30 毫升；如果儿童发热体温超过 37℃，那么体温每上升 1℃每千克体重所需摄入的水分要在之前基础上再增加 10%；如果儿童有严重的腹泻、呕吐，那么每千克体重所需摄入的水分还要再根据实际情况增加。

★特 别 记 录★

DATE | 日 期　　/　　/　　　MOOD | 心 情 ☺ ☹ ☹

来自爸爸妈妈的留言:

200 怎么让孩子爱上喝水？

吸引法：让孩子挑选一款喜欢的水杯（水壶），夸奖他的水杯（水壶）真漂亮，这样他会更乐意使用水杯（水壶）饮水。引导法：给他看小朋友喝水的图片或视频，并告诉他小朋友都爱喝水，我的宝贝也爱喝水。榜样法：告诉他某个他喜欢的人物或卡通形象喜欢喝水。游戏法：与宝宝玩干杯游戏，比谁先把水喝完。探索法：用不同颜色、形状的水杯装水，让宝宝觉得喝水是件有趣的事。表扬法：孩子都喜欢讨大人欢心，喝水之后予以表扬。

★特 别 记 录★

DATE | 日 期　　/　　/　　　MOOD | 心 情

来自爸爸妈妈的留言:

201 你知道给宝宝喂水的好时机吗?

添加辅食后要让宝宝开始喝水了，可以在宝宝吃完辅食、喝完奶以后，让他喝几口白开水，既是漱口，又补充了水分。此外，运动后（正好口干舌燥时）、醒来后（还正迷迷糊糊时），都是很好的喂水时机。不要等到宝宝口渴了才喂水，尽量养成定时定量喝水的习惯——当有口渴的感觉时，体内的细胞往往已经脱水了。

★特 别 记 录★

DATE｜日 期　　/　　/　　　MOOD｜心 情

来自爸爸妈妈的留言：

202 孩子爱出汗是体质虚弱的表现吗?

宝宝的皮肤含水量较高，表层微血管分布较广，加上新陈代谢旺盛，且活泼好动，比成人更容易出汗。气候炎热、室温过高、穿盖过多、剧烈活动、吃退热药等都会引起大量出汗，这些情况很常见，并非体质虚弱的表现。

★特 别 记 录★

DATE | 日 期　　/　　/　　　MOOD | 心 情

来自爸爸妈妈的留言：

203 孩子睡觉时爱出汗正常吗?

经常有家长因为孩子入睡后大量出汗怀疑他缺乏维生素D，如果孩子每天已经补充了足量的维生素D，也有足够的户外活动，就不必担心。婴幼儿调节汗腺的神经系统尚未发育完善，入睡后新陈代谢不能及时减慢，热量就会以出汗的方式在短时间内释放。如果没有使用发汗的药物，室温适宜，穿盖合适，入睡后一两小时左右（上半夜）的出汗都属于正常的生理现象。

★特 别 记 录★

DATE | 日 期　　/　　/　　　MOOD | 心 情

来自爸爸妈妈的留言：

204 热性惊厥一定发生在高热时吗？

不一定。热性惊厥是体温骤然上升或下降导致大脑出现异常放电活动，从而引起全身肌肉的痉挛性发作。热性惊厥有很强的家族性，只有一部分孩子对体温的骤然升降有反应。热性惊厥并没有体温高低的限制，抽搐可能发生在体温急剧上升时，也可能发生在体温快速下降时。

★特 别 记 录★

DATE | 日 期　　/　　/　　MOOD | 心 情

来自爸爸妈妈的留言：

205 积极使用退热药能预防热性惊厥吗?

迄今为止，并无权威证据显示退热药可有效缩短发热的病程和预防热性惊厥的发生。人们反而要警惕因过量使用退热药而导致的危害，例如，体温降得太快导致热性惊厥发生。只要对发热进行正确的护理，单纯性热性惊厥对孩子并无实质伤害。

★特 别 记 录★

DATE | 日 期　　/　　/　　MOOD | 心 情

来自爸爸妈妈的留言：

206 药物灌肠能预防热性惊厥吗?

持久的高热加上当天或几天没拉大便，用开塞露帮助排一次便，确实可以帮助散热降温，但坊间流传的“药物灌肠”并不能作为预防热性惊厥的手段。对发热进行适当护理或可避免热性惊厥发生。

★特 别 记 录★

DATE | 日 期　　/　　/　　MOOD | 心 情

来自爸爸妈妈的留言：

207 热性惊厥该怎么护理？

让孩子平卧在地板或床上，远离坚硬和尖锐的物品，以防误伤；把孩子的头侧向一边，以防误吸；松开孩子的衣领或任何可能影响呼吸畅通的衣物；记录孩子出现惊厥的时间和状况，方便就医时与医生沟通；抽搐一般会持续数秒钟到数分钟，如果超过 5 分钟，请及时拨打 120 急救电话。对任何一个出现惊厥的人来说，我们所做的就是防止他伤害到自己，平静地陪伴在他身边，必要时寻求医疗帮助。

★特 别 记 录★

DATE | 日 期　　/　　/　　MOOD | 心 情

来自爸爸妈妈的留言：

208 热性惊厥发作时遇到哪些情况需要考虑就诊?

如果孩子在发热后 24 小时内仅出现一次抽搐，且全身抽搐在 5 分钟内结束，之后恢复如常，通常不必过于担心。单纯性热性惊厥虽然看起来很吓人，但并不会对孩子造成器质性损伤，也不会发展为癫痫。但如果抽搐持续超过 5 分钟，或抽搐之后未能完全恢复正常状态，或抽搐只涉及身体的一部分，或在发热过程中出现不止一次抽搐，就要去医院进一步检查。

★特 别 记 录★

DATE | 日 期　　/　　/　　MOOD | 心 情

来自爸爸妈妈的留言：

209 热性惊厥时可以撬嘴巴、掐人中吗？

不可以。人体的自我保护意识很强，发生惊厥时通常不会咬到舌头，撬嘴巴塞东西不仅多此一举，还可能弄伤牙齿或口腔，甚至导致异物误入气道。无论是否掐人中，惊厥的宝宝大都会在几秒钟到几分钟内恢复过来，用力掐人中只会掐破皮肤。

★特 别 记 录★

DATE | 日 期 / /　　MOOD | 心 情

来自爸爸妈妈的留言：

210 完成3剂次乙肝疫苗接种后有必要检查抗体吗?

一出生就按照接种程序完成3剂次乙肝疫苗接种的孩子，大都没有必要专门去检测乙肝抗体。只有母亲乙肝表面抗原阳性的孩子，需要在9～18月龄之间做一次乙肝表面抗原和抗体的定量检测，确认有无感染、有无抗体。之所以建议孩子9月龄后做检测，是因为母亲乙肝表面抗原阳性的孩子出生时会先注射1剂乙肝免疫球蛋白，太早检测可能会干扰结果。

** 世界肝炎日 · 7月28日*

★特 别 记 录★

DATE | 日 期　　/　　/　　MOOD | 心 情

来自爸爸妈妈的留言：

211 完成 3 剂乙肝疫苗接种后，入园体检抗体呈阴性还要补种吗？

可以不补种。按规定完成 3 剂次乙肝疫苗接种后，95% 的人都能产生足够的抗体，3 年后 74% 的人还保持着有效的抗体滴度水平。入园体检时，部分孩子乙肝表面抗体呈阴性，一种可能是体内抗体滴度水平够，只是定性检测时没达到试剂盒的检出线；另一种可能是体内抗体滴度水平确实降低了。乙肝抗体转阴不代表没有保护作用，即使保护性抗体减少了，在少量暴露的情况下，也能快速产生高浓度的保护性抗体。

★特 别 记 录★

DATE | 日 期　　/　　/　　　MOOD | 心 情

来自爸爸妈妈的留言：

212 乙肝妈妈可以哺乳吗？

可以。绝大多数乙肝妈妈所生的宝宝在注射完乙肝疫苗后都能有效预防乙肝感染。约 5% 的宝宝无法通过注射乙肝疫苗获得免疫，大多是因为在妈妈体内或分娩时感染了乙肝。至今，没任何证据表明乙肝妈妈哺乳会增加孩子感染的风险。世界卫生组织把母乳列为乙肝病毒水平最低、风险最低的安全食品。

★特 别 记 录★

DATE | 日 期　　/　　/　　MOOD | 心 情

来自爸爸妈妈的留言：

213 患急性乳腺炎期间可以继续哺乳吗?

可以。急性乳腺炎是指乳房组织发生了炎症，炎症是指红、肿、热、痛，并不等于感染。乳腺炎常由乳房肿胀、乳腺导管阻塞发展而来，给宝宝喂奶是缓解乳房肿胀、乳腺导管阻塞以及急性乳腺炎的最佳方法。

★特 别 记 录★

DATE | 日 期　/　/　MOOD | 心 情

来自爸爸妈妈的留言：

虾米妈咪365育儿手账
8

8

214 哺乳期感冒发热可以继续亲喂吗?

可以。哺乳期妈妈在感冒发热症状出现之前，体内已经开始产生抗体了，宝宝可以从乳汁中获得妈妈体内的抗体。因此，如果身体允许，妈妈是可以亲自喂养宝宝的。但要注意，照顾宝宝时要勤洗手，并戴上口罩，避免飞沫接触到宝宝。

★特 别 记 录★

DATE | 日 期　　　/　　　/

MOOD | 心 情　　　

来自爸爸妈妈的留言：

215 哺乳期可以接种疫苗吗?

根据美国儿科学会 2006 年对传染病的报道，哺乳期妈妈可以接种活疫苗，也可以接种死疫苗。妈妈接种疫苗或免疫球蛋白，对哺乳期的婴儿是安全的。接种活疫苗后，进入母乳中的病原微生物已经衰弱，不会引起母婴传播。即使哺乳期妈妈接种疫苗，宝宝的免疫接种还是应该按照原计划进行。

★特 别 记 录★

DATE | 日 期　　/　　/

MOOD | 心 情

来自爸爸妈妈的留言:

216 常规手术使用麻醉药物需要中断哺乳吗？

不需要。实际上，通过乳汁被宝宝吸收的麻醉药物剂量少到可以忽略不计。因此，无论全麻还是局麻，手术后，只要妈妈觉得自己的精神状态可以哺乳就可放心哺乳。哺乳期妈妈使用麻醉药不会影响到宝宝健康。

★特 别 记 录★

DATE | 日 期 / /

MOOD | 心 情

来自爸爸妈妈的留言：

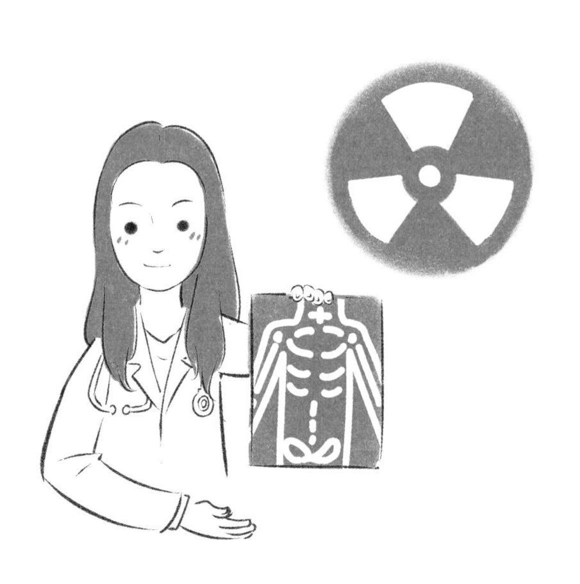

217 哺乳期可以做 X 线摄片、CT 扫描、B 超、磁共振检查吗?

正常剂量范围内的 X 线摄片、X 线透视、CT 扫描适用于检查哺乳期妈妈身体的任何部位,包括乳房(乳腺钼靶),不影响哺乳。一次透视检查的辐射量比一次摄片检查的大,可尽量以摄片代替透视,减少辐射量。B 超检查通过超声波反射成像,磁共振扫描通过电磁波成像,都是无创检查,且不存在辐射,对人体无损害,也不影响哺乳。

★特 别 记 录★

DATE | 日 期 / /

MOOD | 心 情

来自爸爸妈妈的留言:

218 接受尿素呼气试验需要中止哺乳吗？

不需要。尿素呼气试验用于诊断胃幽门螺杆菌感染。C-13 是稳定同位素，C-14 虽有放射性但胶囊剂量很小，辐射剂量比人体每天从自然界中接受到的还小，且 90% 以上的 C-14 会在 72 小时内快速以尿液和呼气形式排出，对哺乳没有影响。

★特 别 记 录★

DATE | 日 期　　/　　/

MOOD | 心 情

来自爸爸妈妈的留言:

219 哺乳期可以喝咖啡吗?

咖啡因会进入母乳，哺乳期妈妈食用含有咖啡因的食物后，宝宝会变得烦躁不安或睡眠难安。咖啡因在宝宝体内的代谢速度会随着月龄的增大而加快，早产儿和新生儿对咖啡因的代谢速度较慢，这些宝妈要相对严格地控制咖啡因摄入。容易发生胀气、肠绞痛的宝宝，可能对咖啡因较为敏感，这些宝妈应减少咖啡因摄入。除咖啡外，巧克力、可乐、茶叶及一些饮料药物中也都含有咖啡因。

★特 别 记 录★

DATE | 日 期　　/　　/

MOOD | 心 情

来自爸爸妈妈的留言：

220 哺乳期可以食用含酒的食物、饮料催乳吗?

喝米酒、甜酒,不但不能增加母乳产量,反而可能抑制催产素的分泌,使得奶水排出不畅,降低母乳产量。而且酒精会通过乳汁进入宝宝体内,任何浓度都是不安全的。能让母乳产量增多的是产后的激素作用和宝宝的有效吸吮。

★特 别 记 录★

DATE ｜日 期　　/　　/

MOOD ｜心 情

来自爸爸妈妈的留言:

221 哺乳期妈妈运动之后可以正常给宝宝哺乳吗？

可以。运动之后肌肉会产生乳酸，但不会让母乳变酸，而且乳酸的浓度也只是短暂升高。哺乳期妈妈可在运动之前哺乳一次，以缓解运动时的乳房胀痛；运动之后，经过沐浴休息，再给宝宝哺乳。

*全民健身日·8月8日

★特 别 记 录★

DATE | 日 期　　　/　　　/

MOOD | 心 情

来自爸爸妈妈的留言：

222 孕期和哺乳期怎么选护肤品？

防晒产品可选择物理防晒成分（二氧化钛、氧化锌），不会被肌肤吸收，孕期或哺乳期可安全使用。很多抗衰老和祛皱产品中含维甲酸，很多祛痘和洁肤产品中含水杨酸。外用维甲酸经皮吸收进入人体的量较少，外用水杨酸在皮肤有破损时，经皮吸收进入人体的量较多。这两种成分目前都尚未有足够的临床研究证明孕期或哺乳期使用的安全性，建议慎用。

★特 别 记 录★

DATE | 日 期　　/　　/

MOOD | 心 情

来自爸爸妈妈的留言：

223 孕期和哺乳期怎么选彩妆和美发产品?

避免选择可能含有铅、汞等重金属成分的化妆品。为避免宝宝接触和舔舐到彩妆产品,可以在卸妆后再和宝宝亲近。烫发剂大都含氨和亚硫酸盐,染发剂主要含对苯二胺。想减少烫染发带来的影响,烫染之前应确保头皮无破损,烫染时尽量不让药剂接触头皮,烫染后及时彻底清洁头皮和头发。烫染一次虽不至于直接影响母乳成分,但偶尔想改变心情也可以尝试卷发棒等其他物理办法呀。

★特 别 记 录★

DATE | 日 期 / /

MOOD | 心 情

来自爸爸妈妈的留言：

224 宝妈能做美甲吗？

邻苯二甲酸酯、甲醛、丙酮、乙酸乙酯等是指甲油常见的主要成分。苯和甲醛均是致癌物质，长期吸入丙酮、乙酸乙酯可能对神经系统产生危害。尽管这些成分经吸收进入人体的量甚微，并不至于直接影响母乳成分，但是考虑到妈妈的手经常与宝宝和宝宝的物品接触，不建议宝妈做美甲。

★特 别 记 录★

DATE | 日 期　　/　　/

MOOD | 心 情

来自爸爸妈妈的留言：

225 你看得懂宝宝的便便吗？

添加辅食之前，母乳、奶粉喂养的宝宝大便都不成形，吃完就拉是原始的排便反射。绿色的大便、油亮亮的大便、带奶瓣的大便、带泡沫的大便、带黏液的大便其实也没那么可怕。添加辅食以后，宝宝的大便逐渐成形，可见到未消化的食物颗粒，可呈现吃入的某种食物的颜色。一些食物和药物可能影响大便的颜色、性状和气味，例如，摄入大量香蕉会出现带黑色“小虫子”一样的大便。

★特 别 记 录★

DATE |日 期　　　/　　　/

MOOD |心 情

来自爸爸妈妈的留言：

226 左撇子更聪明吗？

左利手（又称左撇子）或右利手不能预测儿童的智能发展。1 岁以内，仅有少数儿童开始形成左利手或右利手；2 岁前后，左右手的机能迅速分化；3 岁前后，大部分儿童的利手基本巩固。父母利手会影响子女利手的形成，若父母全为右利手，子女左利手的概率低，反之则高。

** 国际左撇子日 · 8 月 13 日*

★特 别 记 录★

DATE |日 期　　/　　/

MOOD |心 情

来自爸爸妈妈的留言：

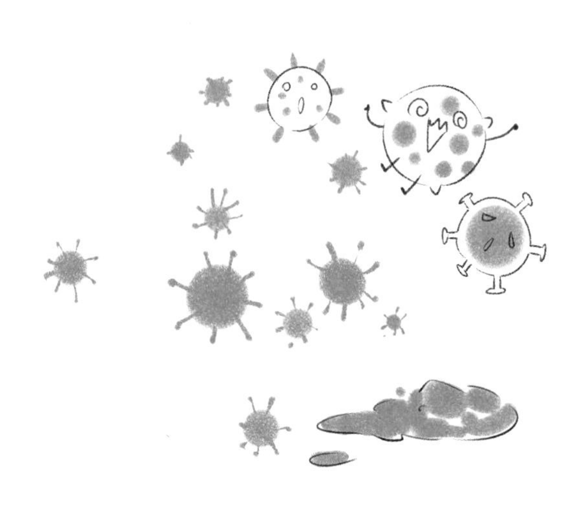

227 哪些便便是疾病的信号？

黄色蛋花汤样稀便，水分多、粪质少，可伴发热，考虑是病毒性肠炎；黄色或绿色豆腐渣样稀便，考虑是真菌感染；稀糊便夹着黏液血丝，考虑是肠道细菌感染造成的肠黏膜损伤；粗硬大便表面附有鲜血，可能存在肛裂、痔疮、肠息肉；黑色“柏油样”大便，可能是上消化道出血，出血位置越高、出血量越大，大便颜色越黑；灰白色“陶土样”大便，伴有黄疸等表现，可能是存在胆道阻塞；果酱样大便则提示肠套叠。

★特别记录★

DATE｜日期　　/　　/

MOOD｜心情

来自爸爸妈妈的留言：

228 大便表面附着血丝是怎么回事？

可能存在肛裂。如果大便表面附着血丝，可先检查肛周是否有裂伤。若是肛裂，除了通过调节饮食等方法改变大便的性状外，还可每天用温水洗或坐浴 1 ~ 2 次，每次 15 分钟，并在肛裂的局部涂抹红霉素软膏。注意平时不要给宝宝把屎把尿。

★特 别 记 录★

DATE | 日 期　　/　　/

MOOD | 心 情

来自爸爸妈妈的留言：

229 大便中混少量血丝是怎么回事？

大便中混有少量的血丝，没有发热或伴随低热，可能伴随皮肤和呼吸道的过敏症状，首先考虑是否为食物过敏引起。寻找孩子饮食中是否存在导致过敏的食物，如果是全（纯）母乳喂养，要查看母乳妈妈的饮食中是否存在导致过敏的食物，发现后暂时避免之。

★特 别 记 录★

DATE | 日 期　　/　　/

MOOD | 心 情

来自爸爸妈妈的留言：

230 泡沫样便并混少量血丝是怎么回事？

泡沫样便或稀水样便并混有少量血丝，没有发热或伴随低热，有腹胀、腹痛、排气等症状，且腹泻 1 周以上，考虑可能是继发性乳糖不耐受，由继发性乳糖酶缺乏引起。在控制进食其他来源乳糖的同时，母乳喂养的宝宝可以在每次吃奶前添加外源性乳糖酶，配方奶粉喂养的宝宝可以临时吃几天低乳糖配方奶粉。

★特 别 记 录★

DATE | 日 期　　/　　/

MOOD | 心 情

来自爸爸妈妈的留言：

231 宝宝哭闹不止且排果酱样大便是怎么回事?

宝宝弓着身子蜷缩着腿，哭闹不止，可伴呕吐，甚至拉出果酱样大便，一定要警惕肠套叠。必须紧急就医，医生会在 B 超或 X 光下行诊断性检查。

★特 别 记 录★

DATE | 日 期　　　/　　　/

MOOD | 心 情

来自爸爸妈妈的留言：

232 婴幼儿腹泻的常见病因有哪些？

引起婴幼儿腹泻的原因有很多：最常见的原因是食物不耐受，即对某种食物敏感或过敏；其次才是感染因素，包括病毒、细菌、真菌、寄生虫引起的感染，以病毒感染和细菌感染为多见，尤其是病毒感染。此外，使用抗生素引起菌群紊乱从而导致的腹泻也需要引起注意。

★特 别 记 录★

DATE | 日 期　　/　　/

MOOD | 心 情

来自爸爸妈妈的留言：

233 腹泻时应该禁食和立即止泻吗?

腹泻时采取禁食策略并不科学:一方面，进得少，出得多，更容易导致脱水；另一方面，禁食可导致饥饿状态下的肠蠕动增加，反而加重腹泻。腹泻时也不建议立即止泻，止泻药一般只适用于严重的非感染性腹泻，在发生感染性腹泻时使用止泻药，会让病原微生物和毒素滞留于体内，对病情好转不利，对小婴儿来说，可能导致病情加重。

★ 特 别 记 录 ★

DATE | 日 期　　　/　　　/

MOOD | 心 情

来自爸爸妈妈的留言：

234 发生腹泻就要用蒙脱石散吗?

腹泻不要轻易使用蒙脱石散。蒙脱石散是一种肠道黏膜保护剂，副作用就是便秘，一般的腹泻万万不要轻易用！腹泻的对症支持护理用药不是止泻，而是补充水分、电解质，从而预防脱水——预防脱水最简单易行的办法就是尽可能维持饮食。

★特 别 记 录★

DATE | 日 期　　/　　/

MOOD | 心 情

来自爸爸妈妈的留言:

235 发生腹泻就要用抗生素吗?

腹泻不要轻易使用抗生素。不要因为发现大便中有少量白（红）细胞就判断为细菌感染而使用抗生素。病毒感染引起的腹泻以饮食和支持疗法为主；非侵袭性细菌引起的腹泻，一般也只使用饮食和支持疗法，可根据病情酌情选用抗生素。只有侵袭性和混合性细菌引起的腹泻，才需要针对性地使用抗生素。

★特 别 记 录★

DATE | 日 期　　/　　/

MOOD | 心 情

来自爸爸妈妈的留言：

236 儿童腹泻可以服用氟哌酸吗？

氟哌酸又叫诺氟沙星，属于氟喹诺酮类药物。氟喹诺酮类药物是一类合成抗菌药，家族名字特征都叫 XX 沙星。所有氟喹诺酮类药物在实验中皆被证实会引起幼年动物关节病，因此规定儿童、青少年以及孕妇、哺乳期妇女均禁止使用。第 18 届国际化学治疗大会的报告建议，在有更合适的抗感染药物可供选择时，尽量不使用氟喹诺酮类药物。

★特 别 记 录★

DATE |日 期　　　/　　　/

MOOD |心 情　☺ ☹ ☹

来自爸爸妈妈的留言：

237 儿童腹泻怎么护理?

腹泻的居家护理重点是补充水分、电解质，预防脱水，避免不当用药，强调维持饮食，尽早口服补液，发现中度以上脱水及时送医。如果孩子精神稍差，嘴唇干燥，小便略少，提醒可能存在轻度脱水。防治脱水推荐使用最新的低渗配方的口服补液盐。孩子越小，从出现脱水症状发展到重度脱水的进展越快。因此，在积极口服补液的同时，要准备好水、退热药等就医物品，随时送医。

★特 别 记 录★

DATE | 日 期　　　/　　　/

MOOD | 心 情

来自爸爸妈妈的留言：

238 腹泻什么情况下需要就医？

如果发现孩子精神萎靡或烦躁，嘴唇口腔黏膜干燥，前囟门和眼窝凹陷，小便明显减少，那可能是中度以上脱水，需要紧急就医。以下情况也需要尽快就医：早产儿、6月龄以下婴儿或有其他慢性病史；腹泻剧烈，大便次数多或量大；伴频繁呕吐；无法通过口服给药；无法进食流质或半流质；伴腹痛（小婴儿可表现为哭闹不止）；伴高热；伴大便带血。如果腹泻超过两周，请务必再次复诊。

★特 别 记 录★

DATE | 日 期　　/　　/

MOOD | 心 情

来自爸爸妈妈的留言：

239 腹泻患儿怎样预防脱水？

还未添加辅食的宝宝发生腹泻，无论是母乳喂养、配方奶粉喂养，还是混合喂养，都可以继续维持原来的喂养方式，适当增加哺喂的频次和量，必要时可增加口服补液盐。已经添加辅食的宝宝发生腹泻，尽量维持日常饮食，并增加以食物为基础的补液，如米汤、面汤、不加糖且适当稀释的鲜榨果汁等。注意要避免摄入粗纤维食物及高糖食物，鼓励孩子少量多餐，必要时可增加口服补液盐。

★特 别 记 录★

DATE | 日 期 / /

MOOD | 心 情

来自爸爸妈妈的留言：

240 预防和纠正轻中度脱水，该怎么用口服补液盐？

如果还没有出现明显的脱水症状，1 岁以下的婴儿预防脱水，可每 5 分钟左右喂 1 次配置好的口服补液盐，每次 5 ~ 10 毫升；1 岁以上的幼儿预防脱水，可每 5 分钟左右喂 1 次配置好的口服补液盐，每次 10 ~ 15 毫升。如果出现轻中度脱水症状，口服补液盐的用量（毫升）= 体重（千克）×（50 ~ 100），需在 4 小时内服完。补液的同时密切观察，随时做好就医准备。

★特 别 记 录★

DATE | 日 期 / /

MOOD | 心 情

来自爸爸妈妈的留言:

241 使用口服补液盐时有哪些注意事项?

口服补液盐应按照说明书一次性配置好，配置好后可室温保存 24 小时，但要避免污染。较为理想的用法是分多次适量饮用，每次倒出适量，且每次不要喝得太多，可以每隔几分钟喝几口，直到尿量恢复正常。白开水、糖盐水、运动饮料中的电解质配比与口服补液盐不同，且大部分运动饮料和市售果汁其实都是高糖饮料，可能因为渗透压高而加重腹泻，都不适合作为口服补液盐的替代品。

★特 别 记 录★

DATE | 日 期　　　/　　　/

MOOD | 心 情　　☺ ☹ ☺

来自爸爸妈妈的留言：

242 关节扭伤、擦伤磕破怎样处理?

关节扭伤之后最需要的是休息和冰敷。首先停止一切运动和活动，然后用毛巾裹住冰袋做局部冰敷，可减少出血、水肿和疼痛。冰敷的时间一般不超过 20 分钟以免冻伤，如果没有改善需要及时就医。擦伤磕破之后先用生理盐水清洗伤口，然后用碘伏棉签局部消毒，最后可根据创口大小用创口贴或纱布包裹伤口。生理盐水还可用于异物入眼后简单地冲洗眼睛。

★特 别 记 录★

DATE | 日 期 / /

MOOD | 心 情

来自爸爸妈妈的留言:

243 流鼻血时怎样止血？

头稍微前倾，略低下，用手指持续按压出血侧鼻翼5～10分钟，中途不要反复拿开手指查看，按压的同时可冷敷鼻根部。如果双侧流血需要同时按压，暂时张口呼吸。出血停止后，用温水轻轻洗掉鼻子外面的血渍，但不要急于清洗鼻孔内的血痂，也不要擤鼻子、抠鼻孔、做剧烈的运动或夸张的表情动作。

★特 别 记 录★

DATE｜日 期　　/　　/

MOOD｜心 情

来自爸爸妈妈的留言：

244 宝宝经常流鼻血怎么护理？

宝宝的鼻黏膜又薄又脆弱，容易流鼻血，尤其是在空气干燥的季节或室内。平时注意保持室内的湿度，保持鼻孔的湿润。可以使用生理盐水喷鼻，或在鼻孔内涂抹一层薄薄的甘油，还要改掉抠鼻子等不良习惯，预防呼吸道疾病。如果做好护理仍然反复流鼻血，就需要就医检查。

★特 别 记 录★

DATE | 日 期　　　/　　　/

MOOD | 心 情　　☺ ☹ ☺

来自爸爸妈妈的留言：

虾米妈咪365育儿手账

9

9

245 入园入学前需要完成哪些疫苗接种?

幼儿园和学校是人员较为集中的场所，为了及时预防和控制各类疾病的流行，需要儿童完善疫苗接种。在入园、入学前，孩子需要完成接种的疫苗有：卡介苗、乙肝疫苗、脊髓灰质炎疫苗、百白破疫苗、流脑疫苗、乙脑疫苗、麻腮风疫苗、甲肝疫苗、白破疫苗等。不同省市的要求略有不同，具体可根据当地卫生部门的建议进行接种。没有“打全”疫苗的孩子也可以正常入学，但会安排及时查漏补缺。

★特 别 记 录★

DATE | 日 期　　/　　/　　MOOD | 心 情

来自爸爸妈妈的留言：

246 流感疫苗每年都要打吗？

鉴于流感病毒的变异性和疫苗保护的时效性，推荐每年接种当季的流感疫苗。世界卫生组织通过全球流感监测和响应体系来监控全球流感病毒的变异，每年都会对流感疫苗的成分做相应调整。接种疫苗或感染疾病之后，抗体的数量会随着时间推移而逐渐减少。接种灭活流感疫苗后 6 ~ 8 个月，抗体数量逐渐降低，保护作用也会随之降低；接种后一年左右，抗体数量一般已不足以抵抗病毒的攻击。

★特 别 记 录★

DATE｜日 期　　/　　/　　　MOOD｜心 情

来自爸爸妈妈的留言：

247 当年患过流感还要接种流感疫苗吗?

流感病毒有很多不同的亚型，感染某种亚型的流感病毒后，会对该亚型产生免疫，但无法对其他亚型的流感病毒完全免疫，而且体内的流感病毒抗体会随时间的推移逐渐减少。因此，为了获得最佳的保护，即使当年患过流感，也仍然推荐接种当季流感疫苗。

★特 别 记 录★

DATE | 日 期　　/　　/　　MOOD | 心 情

来自爸爸妈妈的留言：

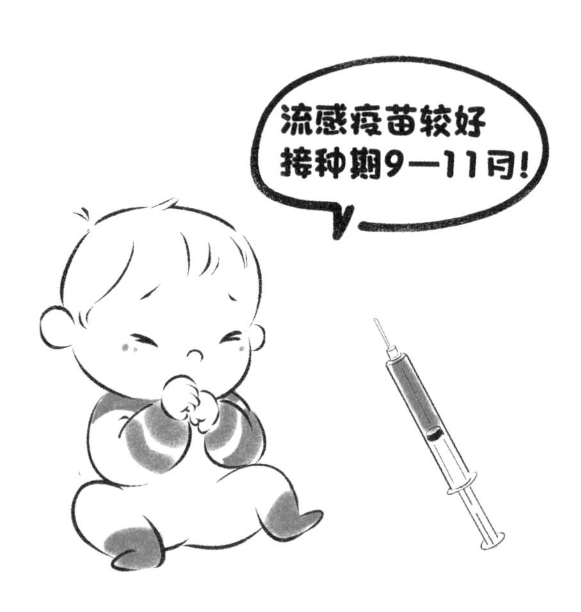

248 什么时间接种流感疫苗最合适?

中国北方 1—2 月为流感高峰，南方 4—6 月为流感高峰，中间地区 1—2 月和 6—8 月均有流感高峰。接种疫苗后人体产生抗体需要 2 ~ 4 周。所以，在流感季节到来前 1 个月接种效果最佳。在中国，一般说来，9—11 月都是较好的流感疫苗接种时间。

★特 别 记 录★

DATE | 日 期　　/　　/　　MOOD | 心 情

来自爸爸妈妈的留言：

流感疫苗

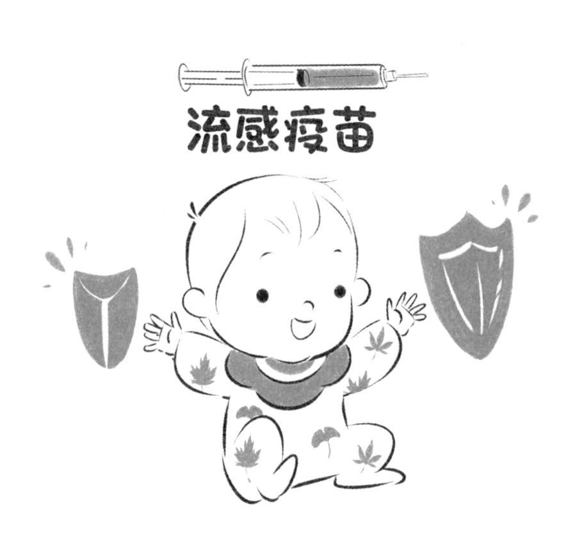

249 接种流感疫苗需要与上一年间隔整 1 年吗？

流感疫苗推荐每年接种，这里的“年”指的是跨自然年份的“流感流行季节”。例如，2023 年 8 月至 2024 年 7 月，均属于 2023/2024 年的流感流行季节，期间接种过流感疫苗，到了 2024 年下半年新的流感疫苗上市后，依然推荐及时接种新的流感疫苗，并不是必须和前一针流感疫苗间隔整整 1 年。

★特 别 记 录★

DATE | 日 期　　/　　/　　　MOOD | 心 情

来自爸爸妈妈的留言：

250 家有小婴儿如何建立“免疫保护圈”？

6 月龄以内的婴儿没有流感疫苗可以接种。因此，包括哺乳期妈妈在内，所有与婴儿密切接触的人群都应该接种流感疫苗，建立家庭“免疫保护圈”，间接阻断流感病毒传播。随着宝宝的成长，他的活动范围日渐扩大，接触到病原微生物的几率会增高，6 月龄以上的婴幼儿需要每年接种流感疫苗。

★特 别 记 录★

DATE | 日 期　　/　　/　　　MOOD | 心 情

来自爸爸妈妈的留言：

251 孕期和备孕期可以接种流感疫苗吗?

孕期和备孕期的女性属于建议优先接种的人群。孕期接种流感疫苗，既可以保护孕妇本人，降低流感发病和重症的风险，又能通过胎盘传抗体给胎儿，保护新生儿免于罹患流感。孕期任何阶段都可以接种流感疫苗。

★特 别 记 录★

DATE | 日 期 / /　　MOOD | 心 情

来自爸爸妈妈的留言:

252 你的孩子入园后出现分离焦虑了吗？

分离焦虑可能有情绪和生理上的变化：部分孩子从听话懂事突然变得脾气暴躁，不容易沟通；部分孩子从活泼开朗突然变得安静内向，不愿意说话；小部分孩子还会表现出一些顽固性习惯，如吮吸手指、吮吸衣被、啃咬指甲、抚摸生殖器等；有些孩子可能会出现睡眠不好、食欲不振、大便习惯改变等情况，甚至一（提）到幼儿园就肚子痛。

★特 别 记 录★

DATE | 日 期　　/　　/　　　MOOD | 心 情

来自爸爸妈妈的留言：

253 你的孩子有依恋情结吗？

“心爱之物”通常是孩子和妈妈之间密切相关的物品（事件）。当和妈妈分开时，孩子会把对妈妈的情感寄托在这个物品（事件）上。有形的“心爱之物”一般是质地柔软、气味特殊的小毯子或绒毛玩具等，孩子喜欢贴着脸颊，拽在手里，缠在胳膊上。无形的“心爱之物”可能是发出的一种特殊声音，也可能是眨眼、耸肩、摇头、撞脑袋等特别的动作或手势。当妈妈不在身边时，无论是有形还是无形的“心爱之物”，都能抚慰孩子度过焦虑时光。

★特 别 记 录★

DATE | 日 期　　/　　/　　　MOOD | 心 情 😀 ☹ 😮

来自爸爸妈妈的留言：

254“黏人”的孩子没有安全感吗？

相反，一个总是围着父母打转的孩子或是半夜会焦急地跑进父母房间的孩子，通常是具有安全感的孩子。因为他知道父母是可以信赖和依赖的，只要他有需要，父母就会陪伴在他的身旁，及时对他作出反应，而且他知道通过怎样的方式获得自己想要的东西（帮助）。

教师节、世界预防自杀日 · 9月10日

★特 别 记 录★

DATE | 日 期　　/　　/　　MOOD | 心 情

来自爸爸妈妈的留言：

255 婴幼儿能吃月饼吗？

农历八月十五是中秋节，这是吃月饼的节日。月饼大多是高糖、高脂食物，3 岁以下的婴幼儿尽量不要吃，3 岁以上的孩子也尽量少吃。尤其不要给 6 月龄以下的宝宝吃月饼，即使是 6 月龄以上的宝宝，也很容易因为月饼中的某些成分而过敏。

★特 别 记 录★

DATE | 日 期 / / MOOD | 心 情

来自爸爸妈妈的留言：

256 新生儿遗传代谢病筛查有必要吗？

极其有必要。新生儿遗传代谢病筛查可以及时发现先天性甲状腺功能减低症、苯丙酮尿症、葡萄糖 -6- 磷酸脱氢酶缺乏症等遗传代谢性疾病，以便早期诊断和治疗，防止机体组织器官发生不可逆的损伤。采血时间一般为新生儿出生 72 小时后至 7 天内，且在充分哺乳后。早产儿等特殊情况采血时间也一般不超过出生后 20 天。

** 中国预防出生缺陷日 · 9 月 12 日*

★特 别 记 录★

DATE | 日 期　　/　　/　　　MOOD | 心 情

来自爸爸妈妈的留言:

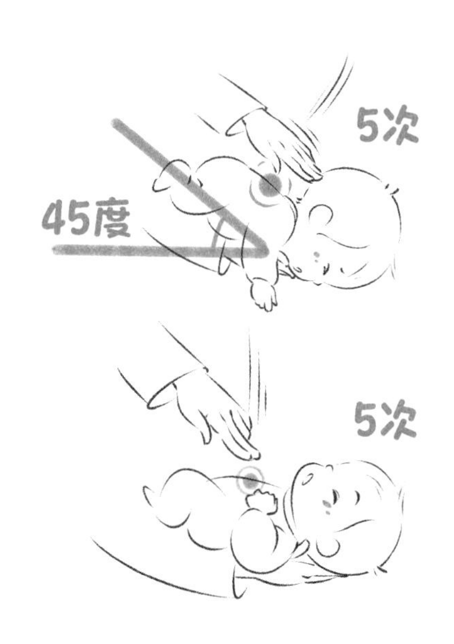

257 婴儿意识清醒时发生窒息怎么急救？

将患儿面朝下呈 45 度置于施救者的一侧前臂上，用这侧的手掌托住患儿的头部和下颌，用另一侧的手掌根拍击患儿两肩胛骨之间的区域，连续实施 5 次强劲的背部拍击。如果 5 次背部拍击后，异物还未排出，立刻将患儿翻为面朝上呈 45 度放置于施救者的一侧前臂上，用这侧的手掌托住患儿的头部和颈部，用另一侧手的 2 或 3 根手指按压乳头连线中点下缘的胸骨，连续实施 5 次猛烈的胸部冲击；依次重复 5 次背部拍击和 5 次胸部冲击，直到异物排出或是婴儿失去意识为止。一旦患儿失去意识，即实施心肺复苏急救。

★特 别 记 录★

DATE | 日 期　　/　　/　　MOOD | 心 情

来自爸爸妈妈的留言：

258 幼儿和儿童意识清醒时发生窒息怎么急救?

可用“海姆立克法”急救。询问患儿是否喘不过气，如果患儿点头，施救者需要告诉他即将帮助他并会做些什么，以便患儿做好心理准备。施救者站到患儿身后，双臂环抱患儿腰部，一手握成拳头，并将拳头的大拇指侧置于患儿肚脐上方约 2 厘米处，另一只手抓住握住的拳头，然后快速向上冲击患儿的腹部；重复冲击，直到异物排出或是患儿失去意识为止。一旦患儿失去意识，即实施心肺复苏急救。

世界急救日 · 每年 9 月的第二个星期六

★特 别 记 录★

DATE | 日 期　　/　　/　　　MOOD | 心 情

来自爸爸妈妈的留言：

259 鱼刺卡喉可以用“海姆立克急救法”吗?

“海姆立克法”只适用于呼吸道异物的排除，对卡鱼刺无效。如果鱼刺恰好卡于喉咽比较浅显的位置，可让家人尝试用镊子取出。如果鱼刺细小，可尝试用力咳嗽，有时细小的鱼刺会随着用力咳嗽产生的气流脱落。如果鱼刺很硬很大，或卡于咽喉比较深的位置，或尝试咳嗽之后没有好转，就要立即去耳鼻喉科就诊。

★特 别 记 录★

DATE | 日 期　　/　　/　　　MOOD | 心 情

来自爸爸妈妈的留言：

260 孩子好动就是“多动症”吗？

孩子好动不等于“多动症”。注意缺陷多动障碍（ADHD）又称“多动症”，有较为严格的诊断标准：症状出现在 7 岁以前，持续超过 6 个月，对学习、社交等社会活动造成了明显的不良影响，且已排除其他精神障碍。家长和老师要避免给孩子戴上类似的“帽子”。

*中国脑健康日 · 9 月 16 日

★特 别 记 录★

DATE | 日 期　　/　　/　　MOOD | 心 情

来自爸爸妈妈的留言：

261“聪明药”能让孩子变聪明吗？

“聪明药”不能帮助神经生长。所谓的“聪明药”其实是一类（管制最严的）精神科药物，常见的有哌甲酯、阿莫达非尼等。没有适应证而盲目服用此类药物，即使不成瘾也可能产生严重的不良反应，如胃口变差，影响心率、肝肾功能，导致失眠、焦躁，出现抑郁倾向等。另外，欺骗医生或私下买卖此类药物属违法行为。

*世界患者安全日·9月17日

★特 别 记 录★

DATE | 日 期 / /   MOOD | 心 情

来自爸爸妈妈的留言：

262 吃手也是“好习惯”吗?

“吃手”有时是个好习惯。吮吸手指是小宝宝智能发展的飞跃。吃手时，宝宝会慢慢意识到“手”是自己身体的一部分，逐渐把自己的身体和外界区分开。宝宝在困倦饥饿、寂寞无聊、焦虑不安、身体不适时，会通过吮吸手指获得安慰和平静。只要不是一天 24 小时频繁、连续地吮吸手指，就不会对牙齿和语言发育造成明显的不良影响。比起吮吸玩具、毛巾等物品，吮吸手指吃下的病菌微乎其微，家长只要尽可能保持宝宝的小手和口周皮肤清洁干爽即可。

★特 别 记 录★

DATE｜日 期　　/　　/　　　MOOD｜心 情

来自爸爸妈妈的留言：

263 为什么孩子喜欢啃咬指甲？

啃咬指甲大都源于焦虑。啃咬指甲行为一般出现在入学或入园后。研究发现，生活作息改变、家庭生活变故等，如学业压力、父母失和、父母生病、父母失业、弟妹降生……都会让孩子感到焦躁难安。几乎所有的孩子都有啃咬指甲的行为，这个癖好不会对身心发育造成不良的影响。家长不要将任何不明物体涂到孩子的手指上去强行制止。如果能从源头上改善孩子的焦虑情绪，这个行为可以得到缓解。

★特 别 记 录★

DATE | 日 期　　/　　/　　MOOD | 心 情

来自爸爸妈妈的留言：

264 牙齿因外伤脱落该如何处理？

牙齿因外伤脱落，需要立即找回脱落的牙齿，注意捡牙齿时不要碰到牙根，因为牙根部位的牙周膜保存的好坏是再植成功与否的关键。处理方法：将脱落的牙齿放在全脂冷牛奶中保存，立即带孩子就医。2 小时内接受再植的成功率最高。

全国爱牙日 · 9 月 20 日

★特 别 记 录★

DATE | 日 期　　/　　/　　MOOD | 心 情

来自爸爸妈妈的留言：

265 如何让失控的情绪尽快平静下来？

一旦发现自己即将或者已经失去耐心，要尽快让自己冷静下来。先做深呼吸，不要去看孩子，看看周围的其他物品，心中默念目之所及，如你看到的冰箱、沙发、台灯、纸巾、手机……心里默念，能让你迅速控制情绪，恢复平静。

★特 别 记 录★

DATE | 日 期　　/　　/　　MOOD | 心 情

来自爸爸妈妈的留言：

266 孩子具有“耳聋基因”可以正常接种疫苗吗？

可以。一支合格疫苗的抗生素残留，还没有一口合格禽畜肉的抗生素残留多。假如宝宝的基因检测结果确实值得参考，也只是说明宝宝接触有耳毒性的抗生素后，发生耳聋的风险比其他人要高，应尽量避免使用治疗剂量的有耳毒性的抗生素，但对接种疫苗没有影响。

国际聋人日 · 每年9月的第四个星期日

★特 别 记 录★

DATE | 日 期 / /   MOOD | 心 情

来自爸爸妈妈的留言:

267 孩子频频擤鼻子、揉眼睛是怎么回事？

眼睛和鼻子组合出现过敏症状，通常意味着花粉过敏。整个秋季，一些杂草类植物会向空气中大量播散花粉，这期间对花粉过敏的人就会出现鼻痒、眼睛痒、打喷嚏、流鼻涕、鼻塞、流泪等症状，甚至出现哮喘症状，这些症状统称为季节性花粉症。花粉来临前 2 ~ 4 周，在医生的指导下提前用药，可以减轻症状。

★特 别 记 录★

DATE | 日 期　　/　　/　　　MOOD | 心 情

来自爸爸妈妈的留言：

268 鼻过敏怎么护理？

鼻过敏的明显特征是持续鼻痒、流清涕、打喷嚏。鼻过敏的患儿通常晨起流清水样鼻涕，大风天或特定季节可预见地症状暴发，频繁打喷嚏、揉鼻子、揉眼睛，有些还伴有湿疹。感到鼻过敏即将发作时，用生理盐水（喷雾）冲洗鼻腔即可缓解。偶发时口服抗组胺药物是最好的选择。

★特 别 记 录★

DATE | 日 期 / /　MOOD | 心 情

来自爸爸妈妈的留言：

269 眼部过敏怎么护理？

花粉、灰尘、面部护肤品、烟雾、气味等会引起眼部过敏，主要表现为双眼发红和瘙痒，可能会有流泪或眼睛分泌物增多。部分慢性湿疹患者的眼睑周围皮肤也会出现过敏症状。用生理盐水冲洗眼睛或用干净、凉爽的湿毛巾敷在眼睛上可以缓解症状。

★特 别 记 录★

DATE | 日 期　　/　　/　　　MOOD | 心 情

来自爸爸妈妈的留言：

270 如何通过特定天气或环境排查过敏原？

大风天容易过敏，过敏原要考虑花粉、霉菌（霉菌孢子）；阴雨天容易过敏，过敏原要考虑霉菌（在潮湿环境下能够迅速滋生）；在学校容易过敏，过敏原要考虑灰尘、花粉、蟑螂、清洁剂，以及校舍翻新或消毒时的某些化学物质。如果仅有夜间过敏症状，则应重点在卧室中寻找过敏原，如灰尘、尘螨、霉菌、宠物皮屑。

世界避孕日 · 9月26日

★ 特 别 记 录 ★

DATE | 日 期　　/　　/　　　MOOD | 心 情

来自爸爸妈妈的留言：

271 全身过敏反应会有生命危险吗?

可能存在生命危险。全身过敏反应累及身体多个器官：颜面潮红，瘙痒或荨麻疹；咽部肿胀，言语困难，呼吸困难；恶心，呕吐，腹泻；低血压，脉搏加快，可能进展为意识障碍和休克。全身过敏反应有时在接触过敏原几分钟内就可能发生，需要迅速就医，急救方法包括注射肾上腺素、开放气道等。危及生命的全身过敏反应在婴幼儿期很罕见，大多出现在十几、二十几岁人群中。

★特 别 记 录★

DATE | 日 期　　/　　/　　MOOD | 心 情

来自爸爸妈妈的留言：

272 被来历不明的猫狗咬伤或抓伤要打狂犬病疫苗吗?

如果一只动物在伤人 10 天后依然保持健康，基本可以排除它传播狂犬病的可能性，但并不代表受伤者什么都不做“只观察 10 天”。国内外权威指南均建议，一旦被来历不明的猫狗（活动史不明，存在被流浪动物咬伤或抓伤的可能）咬伤或抓伤，就要立即启动规范处置程序：冲洗伤口，消毒伤口，及时接种狂犬病疫苗，并根据受伤情况决定是否接种狂犬病免疫球蛋白。

*世界狂犬病日 · 9 月 28 日

★特 别 记 录★

DATE | 日 期　　/　　/　　　MOOD | 心 情

来自爸爸妈妈的留言：

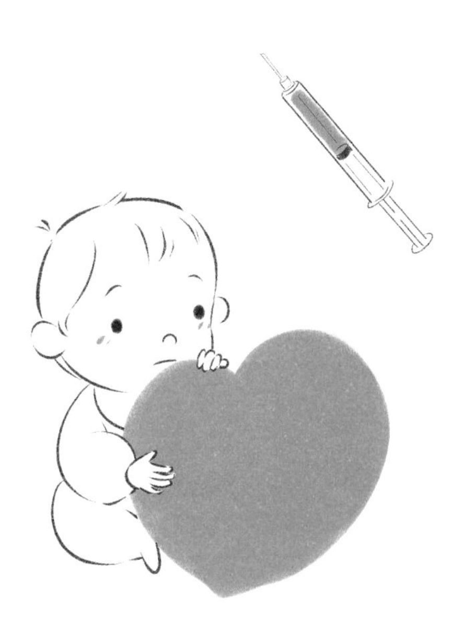

273 先天性心脏病患儿可以打疫苗吗？

先天性心脏病患儿更需要疫苗的保护。没有临床症状或处于平稳期，可按时接种；处于急性期或术后，可待症状缓解之后尽快接种；接种时尽量避免哭闹。心功能不全的患儿在接种减毒活疫苗之后，可能出现心跳过速、发热等反应，有诱发心衰的可能；频繁感冒的先天性心脏病患儿，在接种减毒活疫苗之后，有发生心内膜炎的可能。在接种疫苗之前应提前将详细病史告知医护人员。

世界心脏日 · 9月29日

★特 别 记 录★

DATE | 日 期　　/　　/　　MOOD | 心 情

来自爸爸妈妈的留言：

274 肠道病毒会通过呼吸道传播并引起呼吸道症状吗?

会。肠道病毒是“病毒大家族”，可经消化道和呼吸道传播，各种（型）之间无交叉免疫，同种（型）的肠道病毒可引起不同的症状（疾病），异种（型）的肠道病毒可引起相同的症状（疾病）。在免疫功能良好的状况下，感染了肠道病毒也可能不表现出症状或只表现出轻微的“感冒”症状，大多数肠道病毒感染病情轻且具有自限性。

★特 别 记 录★

DATE | 日 期　　/　　/　　MOOD | 心 情

来自爸爸妈妈的留言：

虾米妈咪365育儿手账
10

10

291 出现生长痛的孩子会长得更高吗？

292 孩子“O”形腿或“X”形腿正常吗?

293 微量元素检测是常规检查项目吗?

294 儿童骨密度检测是常规检查项目吗?

295 无痛分娩对宝宝有影响吗?

296 孩子会在学龄前经历说话不流利的时光吗？

297 学龄前儿童口吃需要纠正吗?

298 孩子语言发育落后怎么办?

299 宝宝脸上长白斑是怎么回事?

300 儿童需要定期驱虫吗?

301 儿童夜间肛周瘙痒是怎么回事?

302 新生男婴需要常规进行包皮环切术吗?

303 “疝气”需要做手术吗?

304 轻微咳嗽要用镇咳药吗?

305 咳嗽该如何护理?

275 感冒是传染病吗？

感冒有一定传染性但不算传染病。感冒即上呼吸道感染，通常由病毒感染引起，以鼻塞、流涕、发热为主要症状，有时会伴有声音沙哑、咳嗽、流泪、淋巴结肿大等症状。咽喉疼痛往往是感冒的首个症状，感冒期间多饮水、多休息，以对症护理为主，必要时应在医生的指导下用药。孩子体温恢复并且自我感觉良好，就能正常上学和参与集体活动了。

国庆节、国际戈谢病关爱日 · 10月1日

★特 别 记 录★

DATE | 日 期　　/　　/

MOOD | 心 情

来自爸爸妈妈的留言：

276 感冒发热哪些情况需要紧急就医?

有免疫缺陷疾病的患儿；不满 3 月龄的宝宝发热；体温超过 40℃，用药 2 小时内体温没有下降（是指使用药物之后体温没有降低，不要求体温降到正常，也不包含药效过后体温再次上升）；孩子精神萎靡，甚至昏睡、昏迷；出现吞咽困难、呼吸急促、口唇青紫；出现口腔干燥、眼窝凹陷、哭时泪少、少尿或者无尿，及婴儿前囟门有明显凹陷（提示有中度以上的脱水）。

★特 别 记 录★

DATE | 日 期　　/　　/

MOOD | 心 情

来自爸爸妈妈的留言:

277 感冒发热哪些情况需要尽快就医？

体温 40℃以上持续 24 小时；体温 38.5℃以上持续 72 小时；热退 24 小时之后体温又再次升高；耳朵疼痛（婴幼儿可表现为抓挠拍打耳部等）或耳朵流出液体；鼻窦疼痛（婴幼儿可表现为哭闹不止、拒绝饮食、睡眠不安等）且生理盐水清洗鼻腔无法缓解。此外，如果孩子精神状态明显不好，或者你对孩子的病情拿捏不准或无法自行处理，请尽快就医。

★特别记录★

DATE | 日期　　/　　/

MOOD | 心情

来自爸爸妈妈的留言：

278 感冒后哪些表现可能继发细菌感染，需要就医？

发热持续超过 3 天，或者热退 24 小时之后体温又再次升高；耳朵疼痛或耳朵流出液体；鼻窦疼痛且生理盐水清洗鼻腔无法缓解；咽喉疼痛持续超过 5 天；流鼻涕持续超过 2 周；咳嗽持续超过 3 周。另外，绿色或黄色的鼻涕是感冒恢复中的现象，绿色或黄色的痰液是病毒性支气管炎的症状，都不能用来判断是否合并细菌感染。

★特 别 记 录★

DATE | 日 期　　/　　/

MOOD | 心 情

来自爸爸妈妈的留言：

流涕超10天

279 感冒后流涕持续 10 天以上是怎么回事?

急性鼻窦炎是儿童感冒常见的并发症之一。如果孩子感冒之后流涕症状持续超过 10 天，或症状好转几天之后再次加重，要警惕急性鼻窦炎，需要及时就医诊疗。除了每天使用生理盐水洗鼻外，可能还需要配合抗生素治疗。

★特 别 记 录★

DATE |日 期　　/　　/

MOOD |心 情

来自爸爸妈妈的留言：

280 感冒症状缓解一两天后再次发热伴耳痛是怎么回事？

那可能是发生中耳炎了。中耳炎多出现在感冒后3～5天。儿童的咽鼓管管腔短窄，更易引起炎症反应，导致咽鼓管阻塞，进而引起中耳积液。中耳积液会引起病毒、细菌生长，感染的积液可引起耳痛、鼓膜穿孔。鼓膜穿孔通常很快自愈，积液可能需要数周到数月才能完全吸收，这期间会暂时影响听力，儿童需要及时治疗，避免造成言语发育迟缓。病毒感染引起的中耳炎不需要使用抗生素，使用抗生素、滴耳液要遵医嘱。对乙酰氨基酚、布洛芬既能退热也能止痛。

★ 特 别 记 录 ★

DATE ｜日 期　　　/　　　/

MOOD ｜心 情

来自爸爸妈妈的留言：

281 宝宝眼屎多是“上火”吗？

不是。眼泪是液体，待水分蒸发后，便形成了白色、浅黄色或浅黄绿色的分泌物，俗称眼屎。眼屎是正常现象，不要一看到分泌物就以为眼睛被感染了。只要分泌物不是非常黏稠，颜色不是绿色或者深黄色，结膜（白眼球）没有发红，就不必担忧。

★特 别 记 录★

DATE | 日 期 / /

MOOD | 心 情

来自爸爸妈妈的留言:

282 儿童会得高血压吗?

高血压并不是成年人、老年人的“专属病”，儿童也会得高血压。儿童高血压的诊断标准和成年人不同，根据年龄、性别及身高进行划分。儿童高血压早期常常没有任何症状，如果孩子出现头晕、头痛、恶心等症状，一般血压就很高了，甚至伴有器官功能的损伤，要及时就诊。肥胖儿童发生高血压的风险是普通儿童的 6 倍，需要特别注意血压的监测。

全国高血压日 · 10月8日

★特 别 记 录★

DATE | 日 期　　/　　/

MOOD | 心 情

来自爸爸妈妈的留言：

283 孩子多大要检查视力?

视力是主观检查，依赖于孩子的配合和认知程度。一般说来，3 岁的儿童可以配合视力检查。3 岁儿童视力正常值下限为 0.4；5 岁儿童视力正常值下限为 0.5；6 岁及以上儿童视力正常值下限为 0.7。任何年龄儿童双眼视力相差不应超过 2 行，发现视力问题要及时去眼科就诊。

★特 别 记 录★

DATE | 日 期　　/　　/

MOOD | 心 情

来自爸爸妈妈的留言:

284 如何预防近视？

预防近视的关键是保持健康的用眼习惯和生活习惯。要确保读写姿势正确："一尺一拳一寸"，不在行走、坐车、躺卧、强光、弱光等情况下读写；减少近距离用眼时间，避免长时间看书、画画、看乐谱、拼乐高；保证充足的睡眠（6 ~ 12 岁每天睡眠时长不低于 9 小时，13 ~ 18 岁每天睡眠时长不低于 8 小时）；保证每天 2 小时日间户外运动时间；营养均衡。

** 世界爱眼日 · 每年 10 月的第二个星期四*

★特 别 记 录★

DATE | 日 期　　　/　　　/

MOOD | 心 情

来自爸爸妈妈的留言：

285 婴儿眼泪汪汪是怎么回事？

或许是鼻泪管不畅。宝宝鼻泪管不畅，眼泪积在眼睛内，眼睛的分泌物就会比较多。大多数宝宝的鼻泪管会在1周岁前后自然畅通，需要做眼科手术解决的情况非常少。平时可以经常按摩同侧眼内眦下鼻梁两旁的部位，以促进鼻泪管畅通。

★特 别 记 录★

DATE | 日 期　　/　　/

MOOD | 心 情

来自爸爸妈妈的留言：

286 幼儿眼泪汪汪、揉眼睛是怎么回事？

可能是倒睫。倒睫是指睫毛向后生长倒向眼球，倒睫刺激到角膜时，眼睛会分泌较多的眼泪。3 岁内的婴幼儿，小脸胖，鼻梁低，眼距远，容易出现下眼睑轻度内翻，形成倒睫。轻扒下眼睑可以暂时缓解倒睫的症状。3 岁后，随着宝宝的鼻梁长高，眼距变近，倒睫的情况通常会逐渐消失。

★特 别 记 录★

DATE | 日 期　　/　　/

MOOD | 心 情

来自爸爸妈妈的留言:

287 健康的宝宝需要吃保健品吗？

健康足月的宝宝，每天摄入足够的奶量（奶制品），按时按量补充维生素 D，辅食添加及时，饮食结构均衡，无特殊情况不需要额外补充保健品。盲目食用保健品反而可能增加代谢负担，干扰正常的营养素吸收。如确实需要补充营养素制剂，须在医生的指导下进行。

世界保健日 · 10月13日

★特 别 记 录★

DATE | 日 期　　/　　/

MOOD | 心 情　　☺ ☹ ☺

来自爸爸妈妈的留言：

288 得了“高胡萝卜素血症”怎么办?

长期大量摄入富含类胡萝卜素的食物，如胡萝卜、南瓜、红薯、橘子等，可能会出现手掌、脚掌和面部的皮肤明显发黄（巩膜不黄——可区别于黄疸）的现象。若确诊为“高胡萝卜素血症”，无需惊慌和用药，暂停摄入富含类胡萝卜素的食物或类胡萝卜素补充剂，这种现象就会逐渐消失。给宝宝提供餐食要注重食物的多样化。

★特 别 记 录★

DATE | 日 期　　　　/　　　　/

MOOD | 心 情

来自爸爸妈妈的留言：

289 发生鹅口疮怎么办?

鹅口疮是白念珠菌感染，主要表现为口腔黏膜出现点状融合成片状的白膜。白念珠菌是条件致病的真菌，长期使用广谱抗生素、糖皮质激素或营养不良、免疫功能低下、口腔卫生不良、肠道菌群平衡被破坏，都可能致病。如不影响宝宝呼吸吞咽，可先观察几天，可用 2% 的碳酸氢钠（小苏打）溶液浸泡清洁或高温消毒宝宝的餐具、奶具、玩具、衣物。如宝宝反复哭吵、进食不好、精神不好，则需就医。一般医生会给予制霉菌素（悬混液）外涂，大孩子配合 2% 的碳酸氢钠漱口，持续治疗 1 ~ 2 周。对于母乳喂养的宝宝，还需观察母亲乳头是否有疼痛瘙痒，乳头、乳晕周围是否有白色膜状物。若有，务必母婴同治。

*全球洗手日 · 10 月 15 日

★特 别 记 录★

DATE | 日 期　　/　　/

MOOD | 心 情

来自爸爸妈妈的留言：

290 孩子夜间腿痛是怎么回事?

可能是生长痛。生长痛通常出现在晚上，不伴随红肿或发热，是一种正常的生理现象，并不是骨骼出现了问题。在生长较为快速的 3 ~ 12 岁，骨骼和肌肉的发育速度略微存在差异，当骨骼的发育速度超过肌肉时，肌肉与骨骼之间出现牵拉疼痛，这种暂时性的疼痛被称为生长痛。在快速生长期，孩子对钙的需求有所增加，可以适当增加奶制品的摄入。不过，生长痛与缺钙没有直接关系，钙摄入充足的孩子同样可能会出现生长痛。

★特 别 记 录★

DATE | 日 期　　/　　/

MOOD | 心 情

来自爸爸妈妈的留言：

291 出现生长痛的孩子会长得更高吗？

生长痛与最终身高无关。因为生长痛和长个子总是相伴相生，所以有些家长担心孩子没有出现生长痛就是长得慢。其实，是否能够感觉到疼痛存在个体差异。生长痛无法预防，当孩子出现生长痛时，局部轻柔按摩、洗热水澡、局部热敷（注意预防低温烫伤），均能缓解疼痛。

★特 别 记 录★

DATE | 日 期 / /

MOOD | 心 情

来自爸爸妈妈的留言:

292 孩子“O”形腿或“X”形腿正常吗?

1 岁以内的宝宝大都存在轻度膝内翻（“O”形腿）；1 岁半～6 岁的宝宝，常出现轻、中度的膝外翻（“X”形腿）。轻度的膝内翻和轻、中度的膝外翻，大部分情况下都是正常的生理现象，无需治疗，7 岁前能自行矫正。如果宝宝的身高明显比同龄的宝宝矮，膝内翻或膝外翻明显比同龄的孩子严重，或左右侧不对称（某一侧比对侧严重），或 7 岁后没有自行纠正，则应及时到医院就诊。

★特 别 记 录★

DATE | 日 期　　　/　　　/

MOOD | 心 情

来自爸爸妈妈的留言：

293 微量元素检测是常规检查项目吗?

不是。国家卫健委明确指出“非诊断治疗需要，不得针对儿童开展微量元素检测”。微量元素检测并不能真实反映体内常量元素和微量元素的情况。判断孩子是否缺乏某种元素，需要根据临床症状表现结合间接检查结果来综合判断。例如：是否缺钙，会参考体内维生素 D 含量来看；是否缺铁，会参考血红蛋白和血清铁蛋白含量来看；是否缺锌，会参考补锌后血液中锌元素变化幅度来看。

★特 别 记 录★

DATE | 日 期　　/　　/

MOOD | 心 情

来自爸爸妈妈的留言：

294 儿童骨密度检测是常规检查项目吗？

儿童骨密度偏低并不代表缺钙。孩子正处于快速生长期，骨骼在不断生长，钙不断往骨骼内沉积，此阶段给儿童检测骨密度并无意义，况且目前尚缺乏儿童骨密度的参考数据。因此，骨密度检测并不是婴幼儿检查的常规项目，更不是婴幼儿额外补充钙剂的指征。

** 世界骨质疏松日 · 10 月 20 日*

★特 别 记 录★

DATE 丨日 期　　/　　/

MOOD 丨心 情

来自爸爸妈妈的留言：

295 无痛分娩对宝宝有影响吗?

影响很小。无痛分娩医学上称为分娩镇痛，即在维护产妇及胎儿安全的原则下，使用各种方法减轻分娩时的疼痛——让难以忍受的子宫收缩阵痛变为可忍受的（不是完全无痛）。无痛分娩时采用椎管内麻醉，药物剂量极低（是剖宫产手术的 1/10 ~ 1/5），通过胎盘屏障到达胎儿体内的剂量可以忽略不计，进入母亲血液随着乳汁分泌给到婴儿的剂量也是微乎其微。

世界镇痛日 · 每年 10 月的第三个星期一

★特别记录★

DATE | 日期　　/　　/

MOOD | 心情

来自爸爸妈妈的留言：

296 孩子会在学龄前经历说话不流利的时光吗？

在生命早期的某个阶段，孩子口吃几乎是不能避免的。尤其是两三岁的孩子，经常会把一个音或者一个词重复说很多遍。产生这种现象的原因是：宝宝的认知发展比语言发展要快。少则几周，多则两三个月，当他的语言发展进步了，这样的情况就会自动消失。

*国际口吃日 · 10月22日

★特 别 记 录★

DATE | 日 期 / /

MOOD | 心 情 ☺ ☹ ☺

来自爸爸妈妈的留言：

297 学龄前儿童口吃需要纠正吗？

学龄前儿童口吃是阶段性的，不需要纠正。家长要给孩子营造一个没有压力的语言沟通环境，给他充足的时间去表达，要做到不打断、不提问、不提出要求，不引导他把注意力集中在自己的说话方式上，避免给他施加交际压力，还要继续尽可能多地与他对话交流。如果你觉得孩子说话太快了，可以先放慢自己的语速，他的语速也会慢下来。

★特 别 记 录★

DATE | 日 期　　　/　　　/

MOOD | 心 情

来自爸爸妈妈的留言：

298 孩子语言发育落后怎么办？

一些 1 岁多的宝宝，动作及情绪、社交发展都很正常，且无疾病，唯独语言发展明显落后，最常见的原因是语言环境不好。语言是在互动中掌握的，电子屏幕不会教宝宝说话。父母可以尝试多陪伴、多交流：用心听宝宝在说什么；回应他的话时，尽量保持语速缓慢、发音清晰且表述直接；使用成人语言，让宝宝能听到正确的说法以便掌握。如此，宝宝的语言发展很快就能跟上同龄孩子了。

★特 别 记 录★

DATE | 日 期 / /

MOOD | 心 情

来自爸爸妈妈的留言：

299 宝宝脸上长白斑是怎么回事？

可能是白色糠疹。白色糠疹常见于学龄期儿童，常多发，也可单发于面部，白斑不高于皮肤，也不会迅速增大，属于自限性疾病。研究发现，它与肠道寄生虫感染无关，驱虫治疗并不会改善皮肤状况。白色糠疹可以自然痊愈，不会留下痕迹，不会影响健康，病程从数月到一两年不等。日常护理方面要做好润肤和防晒。

** 蝴蝶宝贝关爱日 · 10 月 25 日*

★特 别 记 录★

DATE | 日 期　　/　　/

MOOD | 心 情

来自爸爸妈妈的留言：

300 儿童需要定期驱虫吗？

不需要。以前，人们的生活环境卫生条件较差，寄生虫病较为常见，确实需要对幼儿进行常规驱虫。如今，人们的生活环境卫生条件大有改善，寄生虫病已经非常少见。只有当发现疑似症状，且反复化验大便确定检出虫卵之后，医生才会对患儿进行药物驱虫治疗。

★特 别 记 录★

DATE | 日 期　　/　　/

MOOD | 心 情

来自爸爸妈妈的留言:

301 儿童夜间肛周瘙痒是怎么回事？

可能是感染了蛲虫。蛲虫病没有季节性，常在集体机构发生。蛲虫卵很轻，飘浮在空气中，会散落到地面、衣被、玩具、餐具上，孩子们很容易通过“手－口”方式甚至空气吸入的方式，相互感染或自身重复感染。成年雌虫在患儿入睡后，肛门括约肌松弛时，蠕动到肛周产卵，因此引起肛周瘙痒，一旦进入女孩阴道，会引起阴部瘙痒。若孩子夜间肛周瘙痒、阴道瘙痒、睡眠不安，甚至在其肛周皱褶处发现扭动的灰白色细线样成虫，要及时就诊。

★特 别 记 录★

DATE | 日 期　　/　　/

MOOD | 心 情

来自爸爸妈妈的留言：

302 新生男婴需要常规进行包皮环切术吗?

不建议对新生男婴常规进行包皮环切。切除包皮对健康的益处并不足以推荐所有新生男婴都去接受包皮环切术。新生男婴几乎百分之百是包茎（生理性包茎），随着成长，包皮会逐渐和阴茎头分离，这个过程大概需要 3 年或更长的时间。一般没有明显症状不主张给婴幼儿做包皮环切术。

** 世界男性健康日 · 10 月 28 日*

★特 别 记 录★

DATE | 日 期　　/　　/

MOOD | 心 情　　☺ ☹ ☺

来自爸爸妈妈的留言：

303“疝气”需要做手术吗？

大多数脐疝可以自愈，大多数斜疝需要手术。2 岁后仍未自愈的脐疝（或直径两三厘米以上有逐渐增大趋势），1 岁左右仍未自愈的斜疝，需要考虑手术。如果随着生长发育“疝环”越来越紧，一旦发生过嵌顿就容易反复嵌顿，且之后每一次嵌顿都比前一次更加痛苦，解决办法是当下紧急就医处理后行择期手术。嵌顿之后的“择期手术”是指疝内容物回纳后 48 小时左右待肿胀缓解就适合手术了。手术会在全麻下实施，除非孩子是疤痕体质，一般不会留下明显疤痕。

★特 别 记 录★

DATE | 日 期　　　/　　　/

MOOD | 心 情　　☺ ☹ 😮

来自爸爸妈妈的留言：

304 轻微咳嗽要用镇咳药吗？

咳嗽是人体的生理性保护机制，是自行清除呼吸道黏液的唯一办法。婴幼儿的咳嗽反射能力较差，强行镇咳会导致痰液和病原体滞留在呼吸道，加重病情，甚至可能引发其他并发症。6 岁以下儿童一般不推荐使用止咳药。

★特 别 记 录★

DATE｜日 期　　/　　/

MOOD｜心 情　　☺ ☹ ☹

来自爸爸妈妈的留言：

305 咳嗽该如何护理?

开窗通风，净化空气，提高湿度；1 岁以下多喝温水，1 岁以上可以喝点蜂蜜水（每次 2.5 ~ 5 毫升，可直接喝或兑水喝）；发生咳嗽痉挛，可（打开浴室花洒）在温润的水蒸气中得到缓解；睡觉时鼻涕流到咽喉后部刺激咳嗽加重，可尝试将头部方向的床垫抬高成一个倾斜坡度；轻微的咳嗽，可多拍背助痰排出；严重的咳喘，可在医生指导下雾化吸入用药；如果是过敏性咳嗽可服用抗组胺药物；如果是细菌或支原体引起的咳嗽，要针对病原微生物用药。

★特 别 记 录★

DATE | 日 期　　/　　/

MOOD | 心 情

来自爸爸妈妈的留言：

虾米妈咪365育儿手账

11

306 为什么咳嗽总是断断续续持续好久？

307 发烧、咳嗽会引起肺炎吗？

308 肺炎一定要进行抗生素治疗吗？

309 雾化治疗安全吗？

310 雾化治疗会产生药物依赖吗？

311 可以用生理盐水做雾化吗？

312 孩子哭闹时做雾化治疗效果会更好吗？

313 雾化治疗前有哪些准备事项？

314 雾化治疗中有哪些注意事项？

315 雾化治疗后有哪些注意事项？

316 雾化治疗后为什么脸会发红？

317 为什么要尽早接种 13 价肺炎疫苗？

318 怎么给宝宝拍背叩痰？

319 孩子也会得糖尿病吗？

320 秋冬季节要给宝宝进补吗？

11

321 秋冬季节如何保暖，怎么添衣?

322 早产儿的生长发育和预防接种要参考校正月龄吗?

323 “双肺纹理增粗”要紧吗?

324 发热并伴有严重夜间咳嗽是怎么回事?

325 孩子睡觉时打鼾要紧吗?

326 扁桃体炎要用抗生素治疗吗?

327 可以自行停换医生开的药物吗?

328 孩子睡眠中发生抽搐是怎么回事?

329 孩子打嗝是病吗?

330 清淡饮食是指吃素吗?

331 稀奇昂贵的食材一定更好吗?

332 宝宝必须一天吃一个鸡蛋吗?

333 “食物相克”真实存在吗?

334 可以通过喝汤来补充营养吗?

335 宝宝最好多久洗一次澡?

306 为什么咳嗽总是断断续续持续好久？

受损的呼吸道黏膜需要时间修复，加之刺激越多（分泌物和咳嗽本身也是刺激），分泌物越多，故一次普通感冒只要一周左右就能痊愈，而感冒导致的呼吸道损伤可能需要一个月才能恢复正常。

★特 别 记 录★

DATE | 日 期　　/　　/　　　MOOD | 心 情

来自爸爸妈妈的留言：

307 发烧、咳嗽会引起肺炎吗？

肺炎不是“烧”出来的，也不是“咳”出来的。呼吸系统任何部位的炎症都可能导致发热、咳嗽等症状，但有发热、咳嗽等症状不一定是肺炎。发热和咳嗽只是肺炎的部分症状，不是引起肺炎的原因。普通感冒不会轻易转成肺炎，免疫系统功能或呼吸系统功能被其他疾病削弱的患儿才有较高的风险，如先天性心脏病患儿等。

★特 别 记 录★

DATE | 日 期 / / MOOD | 心 情

来自爸爸妈妈的留言:

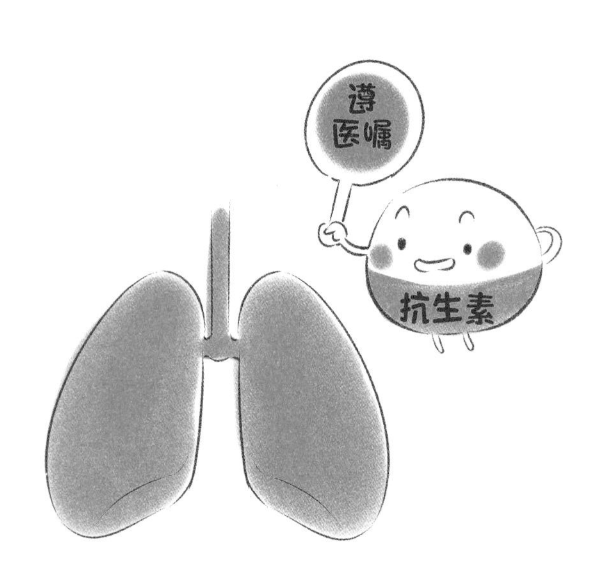

308 肺炎一定要进行抗生素治疗吗?

不一定。抗生素是处方药物，使用时要遵医嘱。抗生素的选择、用量和疗程，需根据感染的病原体、部位及严重程度等因素综合考虑：病毒性肺炎，不需要抗生素治疗；轻症的肺炎支原体肺炎，大环内酯类抗生素治疗 3 ~ 5 天；普通的细菌性肺炎，抗生素治疗大约持续到体温正常后 3 ~ 5 天；葡萄球菌肺炎，抗生素治疗大约持续到体温正常后 2 周。滥用抗生素可能引起耐药。

★ 特 别 记 录 ★

DATE | 日 期　　/　　/　　MOOD | 心 情

来自爸爸妈妈的留言：

309 雾化治疗安全吗？

雾化治疗是用雾化装置将药物变成气溶胶微粒，使药物通过呼吸道直达病灶。这种方式不用经过血液循环，给药剂量低，药物起效快，全身吸收少，安全性更高。但雾化药物是处方药物，无论在医院还是在家庭做雾化治疗，都必须遵医嘱合理用药。针对口咽喉鼻部位的问题，一般直接选用喷剂；针对下呼吸道的问题，要选用能够产生 1 ～ 5 微米雾化颗粒的雾化设备。

★特 别 记 录★

DATE | 日 期　　/　　/　　MOOD | 心 情

来自爸爸妈妈的留言：

310 雾化治疗会产生药物依赖吗？

雾化治疗的药物并无成瘾性。雾化治疗是小剂量多次给药，虽起效较快，但随着药物被人体代谢分解，需要再次给药以维持疗效。目前，儿科临床常用的雾化药物有吸入用糖皮质激素（如布地奈德、倍氯米松、氟替卡松）、吸入用扩支气管药（如特布他林、沙丁胺醇、异丙托溴铵）、吸入用祛痰药（如氨溴索、乙酰半胱氨酸）。目前，中国没有儿童专用的抗生素和抗病毒类的雾化制剂，不推荐注射用剂代替雾化用剂，中药制剂也不能雾化使用。

★特 别 记 录★

DATE | 日 期 / / MOOD | 心 情

来自爸爸妈妈的留言:

311 可以用生理盐水做雾化吗?

单独使用生理盐水做雾化仅对干燥引起的轻微咳嗽有些许缓解作用。当局部炎症、水肿时，单独使用生理盐水雾化反而可能加重症状。此外，更不要用纯水和自制盐水做雾化，它们可能含有病原微生物，并可能会引起咽喉、呼吸道、肺部水肿。

★特 别 记 录★

DATE | 日 期　　/　　/　　　MOOD | 心 情

来自爸爸妈妈的留言：

312 孩子哭闹时做雾化治疗效果会更好吗？

哭闹时做雾化治疗会降低疗效。雾化治疗要在安静的状态下进行，深呼吸时药物的雾化颗粒更容易被吸到下呼吸道和肺泡。而孩子哭闹时呈快速吸气状态，药物的雾化颗粒大部分就停留在口咽部，会降低雾化治疗效果。所以，要尽量安抚孩子平静下来。小婴儿无法配合进行深呼吸，戴上雾化面罩又容易因紧张而哭泣，也可以选择在他安静睡眠时进行雾化治疗。

★特 别 记 录★

DATE | 日 期　　/　　/　　　MOOD | 心 情

来自爸爸妈妈的留言：

313 雾化治疗前有哪些准备事项？

建议空腹或餐后 1 小时做雾化；提前清洁口腔，清洁面部，面部不要涂油性面霜；正确组装雾化设备，选择适合孩子年龄的吸入装置，大孩子通常用口含喷头，婴幼儿通常用面罩；单次雾化的药量大约为 3 ～ 4 毫升，容量不足可用生理盐水稀释补足；单次雾化的时间大约为 15 分钟；痰液较多的患儿雾化治疗前可以先拍背排痰。

★特 别 记 录★

DATE | 日 期　　/　　/　　MOOD | 心 情

来自爸爸妈妈的留言:

314 雾化治疗中有哪些注意事项?

最好选坐位或半坐位；面罩贴合面部、盖住口鼻，确保药雾摄入的同时减少对面部和眼睛的刺激。雾化治疗时，宝宝的痰液可能会被稀释出来，刺激咳嗽或堵住呼吸道，要及时协助拍背、翻身排痰，保持呼吸道通畅。雾化治疗过程中，要密切观察孩子的精神、脸色、呼吸等状况。一旦出现精神萎靡或烦躁、异常哭闹、呼吸困难等情况，立即报告医生及时处理。

★特 别 记 录★

DATE｜日 期　　/　　/　　MOOD｜心 情

来自爸爸妈妈的留言：

315 雾化治疗后有哪些注意事项？

雾化治疗过程中，药物的雾化颗粒不可避免地会附着在面部和口腔，治疗后务必及时洗脸、漱口，不会漱口的孩子用生理盐水擦拭口腔。药物附着在皮肤上可能引起刺激或被吸收。漱口可减轻咽部不适，如雾化药物含吸入用糖皮质激素，及时清洁口腔可降低口腔真菌感染的风险。雾化治疗后，孩子的痰液可能会被稀释出来，可拍背排痰。设备中剩余的药物一定要丢弃！开封后瓶中的药物只能保留大约 24 小时。

★特 别 记 录★

DATE | 日 期　　/　　/　　MOOD | 心 情

来自爸爸妈妈的留言：

316 雾化治疗后为什么脸会发红？

第一种可能是雾化时面罩扣得太紧了，第二种可能是雾化时宝宝哭得太厉害了，这两种情况在雾化结束后很快会得到缓解。如果雾化结束后没有缓解，或在雾化中就出现呼吸困难等明显不适，要及时与医生沟通，可能需要调整雾化的药物、剂量、速度或时长。另外，也可能是宝宝对面罩或药物过敏——当然，这种几率并不高。

★特 别 记 录★

DATE | 日 期　　/　　/　　MOOD | 心 情

来自爸爸妈妈的留言：

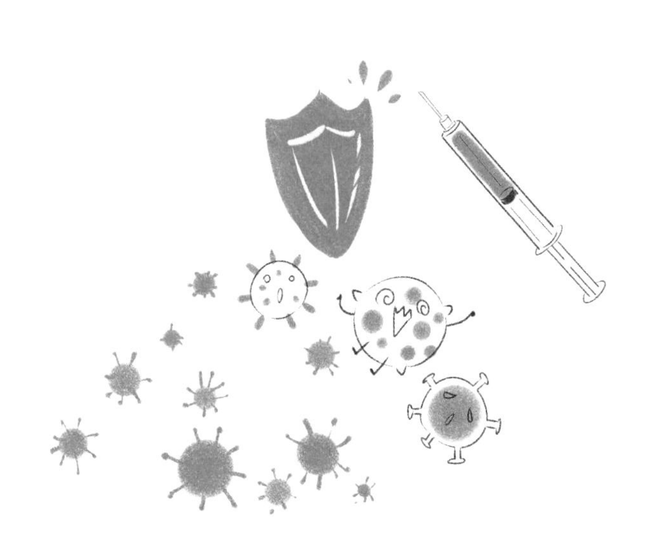

317 为什么要尽早接种 13 价肺炎疫苗？

尽早接种 13 价肺炎球菌结合疫苗，可预防侵袭性肺炎球菌性疾病。婴幼儿期是患侵袭性肺炎球菌性疾病的高峰期，肺炎球菌常由鼻咽入侵鼻窦、中耳、肺部，也可进入血液循环散播致病，引起的疾病不只是“肺炎”，还包括菌血症、脑膜炎和其他器官感染等，可引起死亡，或致耳聋、瘫痪、智力低下等严重后遗症。当然，接种肺炎球菌疫苗不等于不会得肺炎了，而是减少了患肺炎球菌肺炎的机会。

** 世界肺炎日 · 11 月 12 日*

★特 别 记 录★

DATE | 日 期 / / MOOD | 心 情

来自爸爸妈妈的留言：

318 怎么给宝宝拍背叩痰？

婴幼儿咳嗽反射较弱，痰液不易咳出，尤其是黏稠的痰液会阻塞呼吸道，可以尝试先雾化后拍背。让宝宝趴在家长腿上，或腹部垫上枕头作为支托，呈头低臀高（约 15 ~ 20 度）姿势，并将头侧向一边。家长手指自然并拢弯曲成杯状，掌面向下，用腕关节自然活动的力量，温柔轻巧有节奏地叩拍胸背部，由下往上，由两侧往中间。叩拍是无痛的，避免太轻或过重，避免用力拍击到脊椎、肋骨下缘及腰部以下脏器。

★特 别 记 录★

DATE |日 期 / / MOOD |心 情

来自爸爸妈妈的留言:

319 孩子也会得糖尿病吗？

儿童期诊断出糖尿病多为Ⅰ型糖尿病。Ⅰ型糖尿病的发病与遗传、环境、自身免疫等原因有关，通常起病较急，“三多一少”（即多饮、多食、多尿、体重急剧下降）症状明显，有的孩子还表现为厌食、乏力、尿床等。频繁口渴和多尿是儿童糖尿病的早期症状。家长若发现孩子突然饮水量、排尿次数增加，尤其夜间频繁喝水、起夜，本不尿床的孩子多次尿床，要及时到儿童内分泌专科就诊。

联合国糖尿病日 · 11月14日

★特 别 记 录★

DATE | 日 期　　/　　/　　MOOD | 心 情 ☺ ☹ ☺

来自爸爸妈妈的留言：

320 秋冬季节要给宝宝进补吗?

“贴秋膘”“秋冬进补”只适用于食物相对缺乏的古代，如今食物充足，我们只需日常保证均衡饮食即可。家长切勿给孩子乱进补，尤其不要给辅食添加期的孩子盲目尝试“新奇的食物”，以免发生食物过敏。冬季各地日照较少，加上部分地区空气污染也会对日照带来影响，即使孩子有一定的户外运动，也还需要补充维生素 D。

★特 别 记 录★

DATE | 日 期　　/　　/　　MOOD | 心 情

来自爸爸妈妈的留言：

321 秋冬季节如何保暖，怎么添衣？

“春捂秋冻”是古代的保健谚语，指不要过早过快地增减衣物，通过适当的“春捂”“秋冻”，逐渐提高人体对高温、低温的适应力。保暖不是指衣服穿得越多越好，穿盖过多会引发热疹甚至加重湿疹。婴幼儿、儿童的末梢循环较差，所以手脚会偏凉，颈部和后背温暖或有薄汗就代表着穿盖适宜。

★特 别 记 录★

DATE｜日 期　　/　　/　　　MOOD｜心 情

来自爸爸妈妈的留言：

校正月龄计算公式：
校正月龄=实际月龄-（40-实际孕周）÷4

322 早产儿的生长发育和预防接种要参考校正月龄吗？

早产儿的生长发育评估要参考校正月龄。校正月龄计算公式：校正月龄 = 实际月龄 -（40- 实际孕周）÷4 。例如，32 周早产儿，现出生后 6 个月，他的校正月龄是：6-（40-32）÷4=4，校正月龄为 4 个月。

在预防接种方面，除卡介苗接种时要求体重达到 2.5 千克以上且生长发育良好外，其他疫苗的接种，早产儿与足月儿的免疫程序和接种注意事项都相同。

*世界早产儿日 · 11 月 17 日

★ 特 别 记 录 ★

DATE | 日 期　　/　　/　　MOOD | 心 情

来自爸爸妈妈的留言：

323“双肺纹理增粗”要紧吗？

X 线胸片表现“双肺纹理增粗”，可能是病理的也可能是正常的。单看 X 线胸片报告没有任何意义，必须结合临床症状体征加上其他相关检查综合考量诊断。对于急性呼吸道疾病，影像学的表现通常滞后于临床。例如，疾病处于快速进展期，症状已经明显，但胸片影像还没来得及出现；或疾病已处于恢复阶段，症状基本消失，但胸片影像还没完全吸收。切记，胸片只是辅助检查，“双肺纹理增粗”如没有临床症状，完全可以忽略，即等于“未见明显异常”。

★特 别 记 录★

DATE | 日 期 / / MOOD | 心 情

来自爸爸妈妈的留言：

324 发热并伴有严重夜间咳嗽是怎么回事?

发热并伴有严重夜间咳嗽要警惕肺炎支原体（MP）感染。MP 可以侵袭各组织器官，所以临床表现多种多样，症状严重程度各不相同。3 岁以上儿童典型的 MP 感染，前期以持久的中高热、刺激性咳嗽或阵发性咳嗽为主要症状，骤然加重可能出现呼吸困难及严重的全身和肺部炎症。3 岁以下婴幼儿典型的 MP 感染则起病急，以呼吸困难、喘憋为主要症状。MP 感染上呼吸道，通常不用治疗可以自愈；MP 感染下呼吸道，一般需口服大环内酯类抗菌药。

★特 别 记 录★

DATE | 日 期　　/　　/　　MOOD | 心 情

来自爸爸妈妈的留言：

325 孩子睡觉时打鼾要紧吗？

孩子睡觉时打鼾不容忽视，可能是出现了呼吸暂停或张口呼吸，可能发生短暂缺氧，严重时会影响生长发育和身体健康。如果孩子打鼾情况比较严重，建议去耳鼻喉科进行检查，最好做睡眠呼吸监测，需要明确孩子是否有扁桃体或腺样体肥大及严重程度。

★特 别 记 录★

DATE|日 期　/　/　MOOD|心 情

来自爸爸妈妈的留言:

326 扁桃体炎要用抗生素治疗吗?

病毒感染是引发扁桃体炎的主要原因。即使是化脓性扁桃体炎，大部分还是由病毒感染引起的，只有一部分的化脓性扁桃体炎才是细菌感染（如A组链球菌）引起的。根据病史、症状可做初步判断：如果只有发热、咽痛、扁桃体肿大并有白色分泌物，考虑可能为细菌感染；如果还伴有咳嗽、流涕等症状，则病毒感染的可能性更大。临床快速判断是病毒还是细菌感染，可用咽拭子诊断。细菌引起的化脓性扁桃体炎才需用抗生素治疗。

★特 别 记 录★

DATE | 日 期 / / MOOD | 心 情

来自爸爸妈妈的留言：

327 可以自行停换医生开的药物吗？

药物在体内需要达到一定浓度后才能发挥疗效，这是需要时间累积的。所以，不能因为用了几次药物，觉得病情未见明显好转，就自行改用药物。每种疾病的用药疗程不一样，用药没有达到应有疗程可能引起疾病反复。不能因为用了几天药物，觉得症状开始控制缓解，就自行停用药物。如果药物使用 3 天左右，症状还是没有改善甚至有加重就需要就医复诊了。

★特 别 记 录★

DATE | 日 期　　/　　/　　MOOD | 心 情

来自爸爸妈妈的留言：

328 孩子睡眠中发生抽搐是怎么回事?

睡眠中发生的抽搐现象很可能是惊跳反射。睡眠惊跳反射现象在婴幼儿中较为多见，通常出现在刚入睡时，也可能出现在快觉醒时。这是一种自限性症状，不需要特殊治疗。如果孩子睡眠惊跳反射严重到影响睡眠，家长可以尝试陪睡一段时间。当惊跳反射发生时，按住其身体的任何一部分，惊跳动作通常就会停止。

★特 别 记 录★

DATE | 日 期　　/　　/　　MOOD | 心 情

来自爸爸妈妈的留言：

329 孩子打嗝是病吗？

不是。打嗝的医学术语是“呃逆”：当膈肌与肋间肌不自主收缩时，声门突然关闭，就会发出声响。各种刺激都会导致呃逆发生，包括进食过快、吞入大量空气、暴露于寒冷环境中等。呃逆在婴幼儿中十分常见，虽然表面上看着令人难受，实则没有什么危害，且能自我缓解。

★特 别 记 录★

DATE｜日 期　　/　　/　　　MOOD｜心 情

来自爸爸妈妈的留言：

少油 少盐 少糖

330 清淡饮食是指吃素吗？

不是。清淡饮食是指少油、少盐、少糖，避免刺激性重口味。即使是蔬菜，一旦加了很多油或盐，就不符合清淡饮食的标准了。清淡饮食首先要保证营养均衡，瘦肉、奶、蛋、鱼虾等食材自然不能缺少。成人需要考虑年幼的孩子还在成长阶段，纯素饮食会让他们出现各种营养不良表现，导致一系列生长和智能发育问题，还会增加患代谢综合征的风险。

*国际素食日 · 11月25日

★特 别 记 录★

DATE | 日 期　　/　　/　　MOOD | 心 情

来自爸爸妈妈的留言:

331 稀奇昂贵的食材一定更好吗？

食材不分高低贵贱，不必追求稀奇昂贵。稀奇昂贵的食材大都要么是反季节、要么是跨地域。经历长途运输之后，食材的新鲜度会大打折扣。因为之前宝宝很少接触到这类食材，所以进食后还需要观察宝宝是否会过敏或者不耐受。添加辅食就是让宝宝品尝、尝试各种天然食材的过程。比起追求稀奇昂贵的食材，追求营养均衡才是最重要的。

★特 别 记 录★

DATE | 日 期　　/　　/　　MOOD | 心 情 ☺☹😮

来自爸爸妈妈的留言：

332 宝宝必须一天吃一个鸡蛋吗？

“一天吃一个鸡蛋”应因人而异。对于刚刚开始添加辅食的婴儿来说，一天吃一个鸡蛋，显然非常不切实际！因为婴儿的胃容量还很小，为了获得均衡营养，急需尝试更多新的食物。对于大一点的幼儿和儿童来说，一天吃一个鸡蛋，算是个可行的不错的建议。鸡蛋很容易获得，营养也还不错，而且烹饪方式挺多，不失为一种物美价廉的优质食材。

★特 别 记 录★

DATE | 日 期　　/　　/　　　MOOD | 心 情

来自爸爸妈妈的留言：

333“食物相克”真实存在吗?

古人传承的“食物相克”并不完全科学。某些食物的营养成分之间或许会互相干扰吸收，但偶尔同食并不会产生明显影响，更不会引起急性症状。如果同时进食某几种食物之后出现明显不适，需要考虑是否存在食物过敏或不耐受，或者是发生了食物中毒、肠易激等情况。

★特 别 记 录★

DATE | 日 期　　/　/　　MOOD | 心 情

来自爸爸妈妈的留言：

334 可以通过喝汤来补充营养吗?

喝汤除了占肚子外，无法为孩子提供足够的营养和热量。任何汤水的营养都远不及食物本身。以肉类为例，肉汤只含有少部分可溶性物质，如游离氨基酸、B 族维生素、肌浆蛋白、脂肪酸、短肽、钾元素等，大部分蛋白质、肌纤维以及钙、铁、锌等矿物质很难溶解在汤水中。因此，不建议孩子通过喝汤来补充营养。

★ 特 别 记 录 ★

DATE | 日 期　　/　　/　　MOOD | 心 情

来自爸爸妈妈的留言：

335 宝宝最好多久洗一次澡？

洗澡的频次因人因地因时而宜。新生儿代谢旺盛，若出汗多可每天洗 1 次，若出汗少可隔天洗 1 次。湿疹宝宝尤其要注意皮肤的清洁保湿，通常每天或隔天洗 1 次。大孩子户外活动多，出汗较多，通常每天洗 1 次。夏天或南方，潮湿多汗，可每天洗 1 次；冬天或北方，干燥少汗，可适当减少洗澡次数。洗澡水温一般为 37℃，寒冷季节水温可略高点，出疹情况下水温可稍低点。洗澡时长不宜超过 10 分钟，沐浴产品用无刺激、弱酸性、少防腐剂的，浴后可涂抹保湿乳（霜）。

★特 别 记 录★

DATE | 日 期　　/　　/　　　MOOD | 心 情

来自爸爸妈妈的留言：

虾 米 妈 咪 365 育 儿 手 账

12

336 可以给宝宝用热水泡脚吗？

宝宝的足底韧带较为松弛，遇热会变得更加松弛，不利于小婴儿足弓的发育形成和维持。因此，不要给宝宝用热水泡脚。

*世界艾滋病日 · 12月1日

★特 别 记 录★

DATE | 日 期　　　/　　　/

MOOD | 心 情

来自爸爸妈妈的留言：

337 两次排便间隔时间长就是便秘吗?

宝宝的排便频率存在个体差异，有些宝宝每日排便多次，有些则几天排便一次。母乳喂养的宝宝容易出现攒肚现象，且大便形状和排便规律会有很大差别。不要太在意两次排便间隔时间的长短，只要排便过程不是十分费力，大便形状不干结，就属于正常。如果大便总量少、干燥，排便费劲，甚至出现肛裂，食欲减退，腹部胀满、腹痛，就考虑是便秘了。

★特 别 记 录★

DATE | 日 期 / /

MOOD | 心 情

来自爸爸妈妈的留言：

338 婴幼儿便秘的常见原因有哪些?

一类便秘是由肠管肛门器质性病变、肠管功能紊乱引起的，如肛门直肠畸形、肠梗阻、肠套叠、先天性巨结肠等，常须手术矫治；一类属食物性、习惯性便秘。婴幼儿便秘大都由后者引起。生活不规律、排便习惯未养成、因环境改变而导致生活习惯改变、长期抑制便意是绝大多数婴幼儿便秘的常见原因。纤维素摄入过少、蛋白质摄入过多也是引起便秘的常见原因。便秘也可能是食物过敏的一种表现，过度补钙、补铁也会导致便秘。

*国际残疾人日 · 12月3日

★特 别 记 录★

DATE | 日 期　　/　　/

MOOD | 心 情

来自爸爸妈妈的留言：

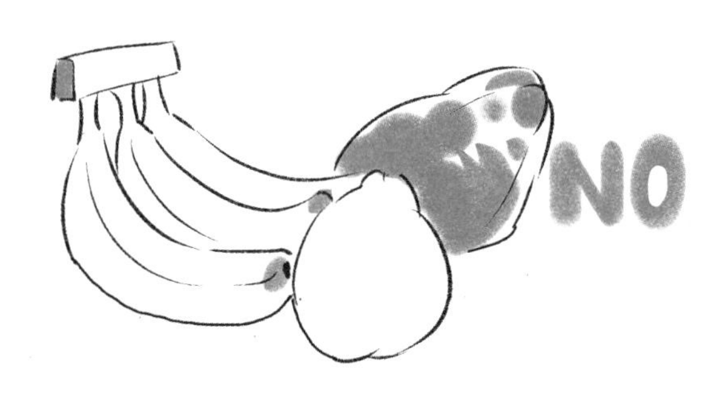

339 香蕉和红薯能治疗便秘吗？

不能。香蕉的膳食纤维含量其实并不算高，苹果、橙子、火龙果等水果的纤维含量都高于香蕉；未熟透的香蕉中含有较多的鞣酸，反而容易引起便秘。红薯的膳食纤维含量虽高，但是一种高淀粉食物，多吃反而会引起便秘，南瓜、土豆、山药等也是如此。

★特 别 记 录★

DATE | 日 期　　/　　/

MOOD | 心 情

来自爸爸妈妈的留言：

340 腹痛是什么原因引起的？

引起腹痛的原因可重可轻。腹痛可能提示肠套叠、肠梗阻、嵌顿疝、阑尾炎等严重病症，也可能是因过量饮食、便秘、紧张等引起的轻微不适。学龄儿童腹痛反复发作，不伴随其他症状，或在临上学时发生，或在有不安情绪时发生，可能是心因性腹痛。情绪引起的腹痛，疼痛部位常在脐周。如疼痛部位远离脐部或会转移，患病的可能性较大，有疑虑要及时送诊。一些婴幼儿的急腹症需要尽快排查诊疗。

★特 别 记 录★

DATE | 日 期　　/　　/

MOOD | 心 情

来自爸爸妈妈的留言：

341 婴儿哪些情况下腹痛需要立即送诊?

遇到孩子腹痛，应重点观察其全身状态、大便情况（有无便秘、腹泻，大便中是否带血等），是否伴发热、呕吐等其他症状。婴儿腹痛常表现为不想吃奶，下肢向着腹部蜷曲，大声哭泣无法安抚。如果同时发现腹股沟或睾丸轻微肿大，可能发生了腹股沟斜疝嵌顿，要立即就医；如果每隔几分钟发作一次剧烈腹痛和呕吐，有时伴有血便，可能发生了肠套叠，也要立即就医。

★特 别 记 录★

DATE | 日 期　　　/　　　/

MOOD | 心 情

来自爸爸妈妈的留言：

342 幼儿、儿童哪些情况下腹痛需要立即送诊?

幼儿腹痛常表现为全身乏力、情绪不佳、不断哭泣，腹痛剧烈时伴脸色苍白、抱腹蜷膝。如果整个腹部疼痛，不伴发热，疼得打滚，呕吐物呈绿色，可能发生了肠梗阻，要立即就医；如果腹痛突然发作，从肚脐开始，转移到右下腹，并逐渐加重，孩子捂着肚子才能走路，可能是阑尾炎，要立即就医；如果腹痛剧烈，伴发热、剧烈腹泻、剧烈呕吐，甚至大便中混有血迹，可能是食物中毒，要赶紧就医。

★特 别 记 录★

DATE | 日 期 / /

MOOD | 心 情 ☺ ☹ ☹

来自爸爸妈妈的留言：

343 腹痛伴腹胀的常见情况有哪些?

如腹痛伴腹胀，没有其他症状，且短时间内有大量饮食，可能是由过量饮食引起的；若数日没排大便，可能是由便秘引起的；如腹痛伴腹胀、腹泻，发生在进食奶制品后，可能存在乳糖不耐受；如腹痛伴腹胀、腹泻，同时有排气或便秘，还有皮疹或水肿，发生在进食某食物几小时或几天后，可能是对该食物过敏或不耐受；如腹痛、腹胀伴小便疼痛、尿液混浊，可能是膀胱炎，需要就诊。

★特 别 记 录★

DATE | 日 期　　/　　/

MOOD | 心 情

来自爸爸妈妈的留言：

344 胃肠炎感冒之后的腹痛要注意什么？

如腹痛伴腹泻、呕吐等症状，可能是（病毒性）胃肠炎引起的；如腹痛伴有流涕、咳嗽等症状，可能是感冒引起的。感冒症状之后如果出现剧烈腹痛，可伴有关节肿痛、皮肤紫色斑点，可能是过敏性紫癜，需要尽快就诊。

★特 别 记 录★

DATE｜日 期　　/　　/

MOOD｜心 情

来自爸爸妈妈的留言：

345 肠系膜淋巴结肿大要紧吗？

通常不必担忧。因腹痛就诊，B 超检查发现肠系膜淋巴结肿大，通常都不需要单独治疗，更不需要抗生素治疗。肠系膜沿着血管分布有大量的淋巴结，当发生呼吸道或消化道感染后，很容易出现肠系膜淋巴结肿大。大部分腹部超声检查到的“肠系膜淋巴结肿大”实际上并没有临床意义，医生建议检查腹部超声主要是为了排除其他病因。与颈部淋巴结肿大类似，随着疾病的痊愈，肿大的肠系膜淋巴结也会逐渐恢复。

★特 别 记 录★

DATE | 日 期　　/　　/

MOOD | 心 情

来自爸爸妈妈的留言：

346 耳后或颈部长黄豆大小的肿块是怎么回事？

这可能是浅表淋巴结。头面部湿疹、咽部感染等都可能引起耳后或颈部的浅表淋巴结轻度肿大，肿大的淋巴结一般会在原发病（如上呼吸道感染）痊愈几周后消失，有的可持续数月到数年。儿童比成人更容易发生感染或损伤，较常出现淋巴结（尤其是颈部、耳后淋巴结）肿大。轻度肿大的浅表淋巴结对宝宝无任何伤害，不必担心，无须治疗。

★特 别 记 录★

DATE | 日 期　　　/　　　/

MOOD | 心 情

来自爸爸妈妈的留言：

347 烧烫伤如何进行紧急救护？

烧烫伤后，可用常温自来水冲 5 ~ 10 分钟，避免冰块冷敷。如果烧烫伤面积小，皮肤只是红没有破，可以在家继续观察；如果烧烫伤面积大，痛感重，或皮肤破了、有大水疱，建议就医——不要涂任何药膏，可以用清洁的布简单覆盖。但若烫伤较深，伤口不要覆盖任何物品，以免覆盖物粘在皮肤上面，赶紧送医是关键。

★特 别 记 录★

DATE |日 期　　/　　/

MOOD |心 情

来自爸爸妈妈的留言：

348 冬季该如何预防和处理低温烫伤？

低温烫伤是指皮肤长时间接触高于体温的低热物体而造成的烫伤，与高温烫伤的最大不同是疼痛感不明显。暖宝宝、热水袋、电热毯虽温度不高，但若长时间不换位置，会慢慢导致皮肤灼伤且不易被察觉。低温烫伤会导致皮肤出现红肿、水泡、脱皮、发白现象，虽面积不大，但损伤波及皮下组织，应立即用自来水冲洗局部直至疼痛缓解。无论烫伤范围多大，都要立即就医。预防办法就是避免暖宝宝、热水袋、电热毯温度过高，避免长时间使用，入睡前务必取下或关掉。

★特 别 记 录★

DATE | 日 期　　　/　　　/

MOOD | 心 情　　☺ ☹ ☺

来自爸爸妈妈的留言：

349 宝宝跌落撞到头部怎么办？

如果宝宝跌落后失去意识或发生痉挛，应立即拨打 120 急救；如果 3 月龄内的宝宝从一米以上的高处跌落，通常需要就医；如果宝宝跌落后大哭大叫但意识清楚，经安抚后能恢复常态继续玩耍，能吃能喝，一般不必担心。轻微的嗜睡和情绪低落是头部撞击后常有的表现，只要能够从睡眠状态被唤醒，行为没有异常，就不必担心。但如果宝宝头部受到撞击后，已经不哭闹了，却出现连续呕吐，就要赶紧就医。

★特 别 记 录★

DATE |日 期　　/　　/

MOOD |心 情

来自爸爸妈妈的留言：

350 预防腮腺炎要接种 2 剂次麻腮风疫苗吗？

流行性腮腺炎是一种由病毒引起的通过飞沫和接触传播的传染性疾病，多发于冬春季节，典型症状是单侧或双侧耳前和颌上腺体肿大。该病通常具有自限性，多数在 2 周内康复，没有严重并发症时，只需对症护理，可用对乙酰氨基酚或布洛芬缓解疼痛和发热。少数情况下会发生睾丸炎、卵巢炎、脑膜炎、脑炎等并发症。2020 年 6 月起，中国在全国范围内实施 2 剂次（8 月龄、18 月龄）麻腮风疫苗免疫程序，之前接种 1 剂麻风疫苗和 1 剂麻腮风疫苗的儿童，可额外接种 1 剂腮腺炎疫苗，以加强免疫保护。

** 世界强化免疫日 · 12 月 15 日*

★特 别 记 录★

DATE |日 期 / /

MOOD |心 情

来自爸爸妈妈的留言：

351 因压力惊恐引起呼吸困难和痉挛——换气过度怎么处理?

情绪激动时，过度通气会出现呼吸性碱中毒。在嘴前放个张开的纸袋不是最佳办法，患儿会因担心呼吸不到空气，情绪更加紧张，情况更加恶化。缓解办法是帮助患儿迅速安静下来，同时引导他缓慢深呼吸，告诉他只要平缓呼吸，一切都会好起来的。可以把手放在他的腹部，让他跟着施加在腹部的压力调节呼吸，同时示范较缓慢的呼吸节奏，让他跟着你的呼吸节奏一起呼吸。只要呼吸平缓下来，症状就会消失。

★特 别 记 录★

DATE ｜日 期　　/　　/

MOOD ｜心 情

来自爸爸妈妈的留言：

352 因愤怒引起呼吸困难和抽搐——屏气发作怎么处理？

屏气发作是对婴幼儿由情感因素诱发的发作性症状的总称，从强烈的情绪逐步进展为屏气，感觉减弱，类似抽搐的表现。屏气发作的起病年龄通常在 6 ~ 12 月龄，学龄期会缓解，有一定的家族史。屏气发作时，应让儿童侧卧，防止气道阻塞，并确保周边环境的安全性。目前，没有预防和治疗屏气发作的有效药物，安慰是屏气发作的基本治疗手段。

★特 别 记 录★

DATE | 日 期　　/　　/

MOOD | 心 情

来自爸爸妈妈的留言：

353 打碎水银体温计该如何处理？

离开事发房间，关掉制暖设备或打开制冷设备，降低室温以减少水银蒸发，打开门窗充分换气，戴上一次性手套（除去手上饰品）寻找汞珠。如汞珠溅落在地面或坚硬物体表面，可用硬卡纸将汞珠推到一起，收入宽口容器，水封后封闭容器口；如汞珠溅落在织物、地毯等表面，可以割除污染部分，与清理时使用的物品一起放入密封袋。最后，送至指定环境污染物收集点。注意：不能用吸尘器或扫帚等清除溅落的水银，以免形成更小颗粒而扩大污染面积，也不要将水银倒入下水道，以免污染地下水源。

★特 别 记 录★

DATE | 日 期 / /

MOOD | 心 情

来自爸爸妈妈的留言：

354 孩子误吞体温计的水银怎么办?

立即让孩子面向下，吐出口腔内残留的水银和玻璃碎片；给孩子喝一些牛奶，起到保护消化道黏膜的作用；给孩子吃一些富含纤维的食物，帮助水银加快排出体外。水银在消化道内的吸收率极低，1 周左右基本可排出体外。水银比重大，具有一定的腐蚀性，若空腹误吞水银或有消化道炎症或溃疡，会增加水银的吸收。建议家长尽可能用电子体温计或红外体温计代替水银体温计给孩子量体温。

★特 别 记 录★

DATE | 日 期　　/　　/

MOOD | 心 情

来自爸爸妈妈的留言：

355 如何吃鱼能降低汞暴露风险？

为减少因食用受污染鱼类带来的甲基汞的危害，关于吃鱼有以下建议：吃食草性的鱼，少吃食肉性的鱼；吃小型的鱼，少吃大型的鱼；少吃富含脂肪的鱼；通常淡水鱼比咸水鱼有更多的污染物，但一些海鱼可能比淡水鱼的污染物含量更高，如鲨鱼、旗鱼、金枪鱼；注意国家卫生环境保护部门提供的鱼类食用建议。

★特 别 记 录★

DATE |日 期　　/　　/

MOOD |心 情

来自爸爸妈妈的留言：

356 冬至，宝宝该怎样吃饺子？

中国部分地区冬至有吃饺子的习俗。9 ~ 10 月龄及以上的宝宝可以尝试吃小饺子了：做饺子馅时尽量避免用宝宝未尝试过的食材，以免引起过敏；将食材制作成适合宝宝的大小和质地。

★特 别 记 录★

DATE | 日 期　　　/　　　/

MOOD | 心 情

来自爸爸妈妈的留言:

357 你了解孩子身边的“铅杀手”吗？

中国部分地区有使用含铅的锡壶、锡箔、银碗的生活习惯，也有使用含铅量极高的红丹粉、黄丹粉及含宫粉成分的爽身粉为儿童护理皮肤的习俗，一些孕产妇及儿童还会使用各种含铅偏方，这是导致儿童铅中毒的主要原因之一。尤其需要警惕民间游医将铅化物添加在方剂、滴鼻剂、口喷剂，甚至面霜里，用以治疗腹泻、鼻炎、咽炎、湿疹……这会导致大量铅中毒患儿的出现。

★特 别 记 录★

DATE |日 期　　/　　/

MOOD |心 情

来自爸爸妈妈的留言：

358 婴幼儿之间是怎么交流的呢？

婴幼儿的交流方式是先触碰对方然后开始交流，要注意是触碰，不是打。家长不要大惊小怪，如果成人企图介入，他们就会立即停止交流。研究发现，婴幼儿在一起会产生交流的冲动，心理发育越是成熟的婴幼儿越是渴望与同龄人交流，越是愿意与同龄人交流的婴幼儿，往往在家是无法得到交流机会的。

★特 别 记 录★

DATE |日 期　　/　　/

MOOD |心 情　　☺ ☹ 😮

来自爸爸妈妈的留言:

359 孩子为什么喜欢说“不”？

学步期的孩子喜欢说“不”，这让他们感到捍卫了自己的权利；学龄期的孩子喜欢说“这不公平”，这让他们感到维护了自己的尊严；青春期的少年喜欢说“不要，请让我一个人静静”，这样能减少他们的焦虑。这些都是孩子发育到特定阶段的普遍现象，体验情绪和管理情绪都是自我成长的一部分。

★特 别 记 录★

DATE | 日 期　　/　　/

MOOD | 心 情　　☺ ☹ ☹

来自爸爸妈妈的留言:

360 孩子的社交行为可以靠物质因素来“强化”吗？

在生活中，我们更倾向于和对我们微笑的人交谈，也更愿意与使我们感到开心的人交谈，因为过往的经验告诉我们这样的交谈会带来愉快的感觉。同样，孩子也会通过一些细微但反复出现的反应受到强化，比如微笑、抚摸、肯定的眼神、鼓励的话语等，这些往往比糖果、玩具和金钱更有效。

★特 别 记 录★

DATE | 日 期　　/　　/

MOOD | 心 情　☺ ☹ ☺

来自爸爸妈妈的留言：

361 成人要直接介入儿童之间的争吵吗？

不要。儿童之间的争吵、矛盾大都能用他们自己的方式妥善解决，除非涉及真正的霸凌，一般都不需要大人直接干涉。一旦矛盾扩展到成人或者不同家庭之间，事态反而会急剧恶化。成人通常无法调和孩子之间的矛盾，但可以引导他们如何化解矛盾。

★特 别 记 录★

DATE | 日 期　　/　　/

MOOD | 心 情　　☺ ☹ ☺

来自爸爸妈妈的留言：

362 对待孩子你会采用“双重标准”吗？

孩子和家长长期生活在一起，家长是孩子最重要的人，所以孩子特别容易模仿家长的言行举止。一些家长习惯采用“双重标准”，即“不要学我的做法，但要按我说的去做”。这种方式在教导孩子行为方面起不到好的作用，因为在规范孩子行为举止方面，模仿是重要而有效的学习途径，比语言更有效。

★特 别 记 录★

DATE | 日 期　　　/　　　/

MOOD | 心 情

来自爸爸妈妈的留言：

363 孩子个性太强怎么引导？

个性强的孩子比其他孩子反应更强，适应更差，情绪也不太稳定，不过他们对于自己想做的事情往往能坚持到底。如果孩子个性太强，家长就需要花更多的时间挖掘他身上的积极因素，减少消极因素对其自身及他人的影响，鼓励他用积极的方式展现自己的个性。表扬孩子的良好行为，要让孩子确信自己不是“坏孩子”，让孩子知道爸妈虽然有时不喜欢他的行为表现，但会永远爱他、关心他，接纳他的一切，包括缺点。

★特 别 记 录★

DATE | 日 期　　　/　　　/

MOOD | 心 情

来自爸爸妈妈的留言：

364 孩子只发热没其他症状，精神饮食都好，这是怎么了？

先排除影响测量的因素，重新测量体温。如果是 3 岁以下孩子低热，发生在炎热夏季时，就诊也未能找到其他原因，可能为夏季热；如果是 3 岁以上孩子低热，发生在早晨上学时，就诊也未能找到其他原因，可能为心因性发热；如果是长期低热，没有发现其他相关因素，就诊也未能找到其他原因，可能为体质性高体温。以上情况通常不需要特别处理。

★特 别 记 录★

DATE | 日 期　　　/　　　/

MOOD | 心 情　　☺ ☹ ☺

来自爸爸妈妈的留言：

365 孩子只发热没其他症状，精神好食欲差，这是怎么了？

孩子发热时，若精神好、食欲差，通常是很想吃但吃不下，这时要观察孩子的咽喉是否有疱疹、有疼痛。如果干咳、声音嘶哑，可能是急性喉炎，要紧急就诊；如果嘴周及口腔内有水疱，牙龈肿、出血，可能是疱疹性口腔炎；如果咽部出现红色水疱，可能是疱疹性咽峡炎；如果扁桃体红肿甚至有脓，可能是扁桃体炎、咽炎。在治疗疾病和对症护理的同时，可以给孩子吃一些温的甚至凉的流质或半流质食物。

★特 别 记 录★

DATE | 日 期　　　/　　　/

MOOD | 心 情　　☺ ☹ ☹

来自爸爸妈妈的留言：

366 孩子只发热没其他症状，精神不好食欲也差，这是怎么了？

如果孩子发热不伴其他症状，意识清楚但精神欠佳、食欲下降，可能是正处于高热阶段，此时需要药物降温、及时补充水分，必要时使用物理降温；也可能是因为发热时间较长，需要仔细鉴别是否出现中度以上的脱水症状（口腔干燥、眼窝凹陷、哭时泪少、少尿或者无尿），此时需补充水分并即时送诊；如果持续发热 3 天以上，请及时就诊，不要拒绝尿液检查，需排除肾盂肾炎等可能。

★特 别 记 录★

DATE | 日 期　　　/　　　/

MOOD | 心 情

来自爸爸妈妈的留言：

虾米妈咪365

育儿手账

索引

索引

33 治疗湿疹用哪些药?

34 治疗尿布疹用哪些药?

35 如何预防尿布疹?

36 偶尔感冒是坏事吗?

37 有预防、治疗普通感冒的“特效药”吗?

38 普通感冒不推荐用哪些药?

39 可以用复方感冒药吗?

40 可以同时服用多种感冒药吗?

41 可以给婴幼儿吃元宵吗?

42 维生素 C 能治感冒吗?

43 癫痫是疫苗接种的禁忌证吗?

44 宝宝咽痛时怎么办?

45 宝宝咽痛时饮食应注意什么?

46 宝宝鼻塞怎样护理?

47 宝宝流清涕怎样护理?

48 宝宝鼻涕黏稠怎样护理?

索引

索引

虾米妈咪365育儿手账

索
引

索引

索
引

221 哺乳期妈妈运动之后可以正常给宝宝哺乳吗?

222 孕期和哺乳期怎么选护肤品?

223 孕期和哺乳期怎么选彩妆和美发产品?

224 宝妈能做美甲吗？

225 你看得懂宝宝的便便吗?

226 左撇子更聪明吗?

227 哪些便便是疾病的信号?

228 大便表面附着血丝是怎么回事?

229 大便中混少量血丝是怎么回事?

230 泡沫样便并混少量血丝是怎么回事?

231 宝宝哭闹不止且排果酱样大便是怎么回事?

232 婴幼儿腹泻的常见病因有哪些？

233 腹泻时应该禁食和立即止泻吗?

234 发生腹泻就要用蒙脱石散吗?

235 发生腹泻就要用抗生素吗?

236 儿童腹泻可以服用氟哌酸吗?

索引

索
引

索引

图书在版编目（CIP）数据

虾米妈咪365育儿手账 / 虾米妈咪著. — 上海：少年儿童出版社, 2024.1

ISBN 978-7-5589-1834-6

Ⅰ. ①虾… Ⅱ. ①虾… Ⅲ. ①婴幼儿—哺育 Ⅳ. ①TS976.31

中国国家版本馆CIP数据核字(2023)第232227号

虾米妈咪365育儿手账

虾米妈咪 著

郑佳乐　陶　伊 绘图
施喆菁 装帧

责任编辑 王晓亚　美术编辑 施喆菁
责任校对 黄亚承　技术编辑 谢立凡

出版发行 上海少年儿童出版社有限公司
地址 上海市闵行区号景路159弄B座5-6层　邮编 201101
印刷 上海盛通时代印刷有限公司
开本 889×1194　1/48　印张 17　字数 254千字
2024年1月第1版　2024年1月第1次印刷
ISBN 978-7-5589-1834-6 / G · 3780
定价 99.00元

版权所有　侵权必究